물리수학의 핵심

임성민 :
서울대학교 공과대학에서 원자핵공학을 공부했다.
내가 사는 세상을 제대로 알고 싶어 물리와 수학을 오래 탐구했고, 인간을 이해하기 위해 운명을 연구한다.
〈피타고라스로 푸는 상대성이론〉, 〈플랑크 상수로 이해하는 양자역학〉, 〈파동의 법칙〉, 〈운명의 발견〉 등을 썼고 양자물리 원고를 쓰고 있다.

정문교 :
행정학과 문학을 공부했다.
고대 그리스 자연철학을 탐구하다 자연과학에 매료돼 수학, 과학 공부를 하고 있다. 익힌 내용을 나누고 싶어 몇 권의 책을 썼다.
함께 쓴 책으로 〈피타고라스로 푸는 상대성이론〉, 〈플랑크 상수로 이해하는 양자역학〉, 〈파동의 법칙〉이 있고 혼자 쓴 책으로 〈쉽게 풀어쓴 운명〉이 있다.

물리수학의 핵심

힘, 에너지, 작용의 해법을 찾아서

임성민·정문교 지음

봄꽃여름숲
가을열매겨울뿌리

차례

물리수학 탐색

고전역학, classical mechanics

수 · 함수 · 방정식 31

플라톤 : 입체 기하
데카르트 : 직교 좌표
음수에서 함수로
방정식, equation

뉴턴 운동방정식 37

보조법칙
시간이 빠진 케플러 법칙
시간 분석을 시도한 뉴턴
유율법
차분, difference
차분 방정식 가치
$F=ma$로 시작된 자연과학시대
힘의 원인
기준 좌표계
중심 없는 우주
관성계의 중심

테일러 급수   61

수학으로 전개한 차분 방정식
끝이 없는 시간 미분
미분 차수 상승
정적분

테일러 급수의 장점   72

한 점에서의 미분 합
근사식으로 활용
물리현상 적용

뉴턴역학의 새로운 접근

에너지의 출현   83

힘 : 벡터 물리량
에너지 : 보존되는 스칼라
총체로 드러나는 에너지
열에너지 & 역학적 에너지
뉴턴역학 : 에너지 보존법칙

미분 해법   90

2차 함수 변화율
미분 종류 / 미분 해법

물리량, 에너지　98

에너지의 발견
역학적 에너지
보존력이 작동하는 보존장
고립계의 역학적 에너지
에너지 보존

운동량　109

운동량 보존
에너지 보존법칙 & 운농량 보손법칙
각운동량 보존 : 시공 대칭

고전역학 & 고대 그리스 철학　115

아페이론 vs 페라스
우주 자연의 원질, 아르케
물리량, 페라스

에너지 역학

라그랑주 역학   123
작용 물리량
최소작용 원리
라그랑주 역학 & 뉴턴역학
최소거리의 기하 구조
시공 대칭 & 힘 대칭
변분법의 허수

변분 calculus of variations   133
허수가 끼어든 변분
4차원 시공간 선소
4차원 시공거리
정리 / 라그랑지안
라그랑주 운동방정식
라그랑주 방정식 = 뉴턴 운동방정식
변분법 핵심

해밀턴 역학   149
양자함수로 확장
삼각함수, 양자의 기본함수
삼각함수 : 불변량의 회전
오일러 수

오일러 수

지수 함수의 밑수, 오일러 수   161
오일러 수 e 특징
베르누이 복리 이자율 계산법
오일러 수 활용

오일러 성장함수   168
짧은 순간성장률
성장함수 유도 / 성장계수 r
오일러 성장함수 & 일반 성장함수
일관성을 갖춘 성장함수
연속성장함수
음수가 감소함소로
붕괴상수(decay constant) λ 계산

오일러 공식

오일러 공식   193
테일러 급수
미시계를 표현하는 수리언어
거시계의 허수
오일러 공식, 복소평면의 회전함수

복소평면 회전   200

불변량

복소평면의 피타고라스 정리

켤레복소수 곱셈

오일러 지수 함수 그래프   205

지수 값 0

성장계수, 붕괴상수

켤레복소수 곱셈 = 1

오일러 공식 & 순환 대칭

불변량   213

에너지 보존법칙

작용

작용의 절대 불변량

뉴턴역학의 운동방정식 & 대칭성   218

운동법칙 & 직선적 시간관

비교될 수 있는 시간

운동방정식 한계

로렌츠 변환

상대성이론 & 순환 대칭　225

로렌츠 변환 : 특수상대성
빛 속도가 만드는 시공 회전
4차원 시공간

회전변환　229

회전행렬
좌표축 발산
회전행렬 비율
속도에 비례하는 감마계수
불변 물리량 c
4차원 빛시계 회전행렬
발산하지 않는 행렬
병마에 시달린 민코프스키
확률을 꺼려한 아인슈타인

회전변환 행렬　245

직각좌표계 & 극좌표계
2차원 좌표계
회전이 만든 좌표변환
극좌표계 탐색
극좌표계 & 회전변환 행렬
회전변환 행렬 미분
회전변환 행렬 = 4차원 빛시계 행렬

양자역학 & 순환 대칭　257

양전자

인과율을 따르는 상대성이론

모호성의 역학

플랑크 상수 = 라그랑지안의 작용 물리량

h는 각운동량

복소평면의 허수　268

제곱이 만드는 상쇄효과

미분 효과

완전한 순환 대칭 & 복소평면

양자 함수 해법　271

슈뢰딩거 방정식

해밀토니안을 활용한 슈뢰딩거 방정식

시간 독립 & 시간 의존

상태방정식

확률값이 만드는 순환 대칭

미시적 양자현상 = 거시적 물리현상

우주의 3가지 기본 상수 279

h, 4차원 시공 에너지 진동자

중력상수 G

빛 속도 c

슈바르츠실트 반지름

슈바르츠실트 생애

붕괴하는 4차원 시공간

플랑크 길이 & 플랑크 시간

허수와 실수의 순환 대칭

참고 자료

물리수학 탐색

물리학의 핵심은 시간과 공간을 파악하는 데 있습니다.

고전물리학은 시간과 공간의 관계에서 파생되는 물리량에 주목해야겠죠. 현대물리학은 시공의 변화가 펼쳐내는 물리현상을 이해하며 느껴야 합니다.

물리수학

뉴턴 이전의 과학자들은 물체 위치를 기하적 모습으로 이해했습니다. 물체의 움직임을 분석할 때도 모양이나 형태, 물체가 놓인 상태에 집중했죠. 정지된 기하학에 주목했습니다.

뉴턴은 사물의 모양, 형태, 위치보다는 운동 과정에 관심이 있었습니다. 물체의 운동 과정을 분석해서 위치와 시간의 관계를 알아내고 싶었던 거죠. 기하학을 도구로 활용했다는 얘기입니다.

그는 매 순간 변화하는 물체의 움직임을 머릿속으로 그렸습니다. 기하적 방법을 동원해 이동 궤적을 도형으로 나누고 분석했습니다. 시간과 공간(위치)으로 기술할 수 있는 운동 수식을 찾았던 겁니다. 그 과정에서 알아낸 게 있죠. 시간 단위를 좁혀서 도형을 분석하면 운동하는 물체의 위치를 정확하게 계산할 수 있다는 것.

이게 미분과 적분을 발견할 수 있는 계기가 되었죠.
뉴턴역학에서 시간과 공간은 절대 물리량입니다. 시간과 공간은 서로 개입하지 않습니다. 상대를 간섭하지도 않고 자신의 영역에서 물러서지도 않습니다.

20세기 초반이 되면 상대적 시간, 상대적 공간을 언급한 특수상대성이론이 등장합니다. 뉴턴역학의 시공 개념과 배치되는 이론이 소개되었습니다.

'상대적'이라고 해서 기준 없이 이리저리 마구 떠다니는 물리량으로 받아들이면 안 되겠죠. 상대성이론의 시간과 공간은 부유하는 물리량이 아니니까요. 기준점이 있습니다. '빛 속도 c'가 시간과 공간을 조절해주는 자연의 절대 불변량입니다.

c는 단순히 광속도만 나타내는 게 아니라는 얘기죠. 사물의 시간과 공간의 경계를 설정하고 변화의 기준을 제공하는 시공의 불변량입니다. 불변속도 c를 한마디로 표현하면?

'시간과 공간은 다르지 않다.'입니다.

시간과 공간의 본질이 같다는 건?

불변속도 c를 반지름으로 놓고 회전을 시키면 시간과 공간이 같은 비례 값으로 변환할 수 있는 원을 그립니다.

이 원을 이용하면 시간과 공간의 변화를 계량할 수 있습니다.

빛 속도 c의 불변량이 회전하면 4차원 시공간이 형성됩니다.

4차원 시공간에서 시간과 공간은 긴밀한 관계를 갖죠. 각자의 물리량을 상호 교환합니다.

이걸 시간 물리량과 공간 물리량이 1:1 대응 관계를 이루며 곧바로 바뀌는 상황으로 이해하면 안 됩니다. 상대성이론에서 작동하는 물리량의 교환은 에너지의 변환을 의미합니다.

공간 에너지와 시간 에너지가 주거니 받거니 하는 거죠.

양자역학의 시간과 공간은 어떨까요?

상대성이론에서는 회전 반지름이 빛 속도죠. 양자역학에서는 환산 플랑크 상수($\hbar$)가 회전변환의 반지름입니다. 양자의 시간과 공간이 $\hbar$를 기준으로 변화를 겪습니다.

상대성이론의 4차원 시공간은?

시간과 공간이 구부러지는 정도에 그칩니다.

양자역학의 4차원 시공간은?

매 순간 진동하는 4차원 시공간을 형성합니다. 요동하는 4차원 시공간은 시간과 공간이 잠시도 쉬지 않고 움직입니다. 생겼다가 사라지고 다시 솟구쳤다가 이내 잦아듭니다.

생성하고 소멸하는 시공 장이 됩니다. 미시계의 시공간에서 파동처럼 진동하는 입자는 양자가 됩니다. 양자 시공간을 만드는 거죠.

상대성이론은 '시간과 공간이 다르지 않다.'로 정리할 수 있습니다. 양자역학은 '시간과 공간이 조화진동 한다.'고 요약할 수 있습니다.

시공이 같다는 말은 어떤 메커니즘을 거느리고 있을까요?
시공이 조화진동 한다는 얘기를 떠받치는 수식은 뭘까요?
시간과 공간의 관계를 알 수 있는 물리적 탐색, 수학적 접근에 딱 들어맞는 도구가 있습니다. 오일러 수와 허수입니다.
오일러 수, 허수는 물리수학에 다가가는 수리언어입니다.
오일러 수와 허수가 있으면 거시계의 시공이 휘는 현상, 미시계의 양자가 겪는 생성소멸을 포착할 수 있습니다. 물리현상에 대응하는 수리언어니까요.
현대물리든 고전물리든 물리학의 핵심은 시간과 공간을 파악하는 데 있습니다. 고전물리학은 시간과 공간의 관계에서 파생되는 물리량에 주목해야겠죠. 현대물리학은 시공의 변화가 펼쳐내는 물리현상을 이해하며 느껴야 합니다.

뉴턴역학의 기본 수식은 '힘 방정식'이죠. 힘에 공간을 적분한 물리량이 에너지입니다. 라그랑주 역학은 에너지라는 물리량에 기초해 시간을 적분, 작용의 물리량을 설정했죠. 시공의 대칭 개념이 담겨있습니다.

현대물리학이라고 해서 고전역학과 동떨어져 있지는 않습니다. 이를테면 양자역학이 기술하는 4차원 시공간이 라그랑주 역학과 배치되지 않는다는 거죠. 양자역학은 라그랑주 역학이 의도한 시간과 공간의 대칭 영역을 좀 더 확장한 것으로 이해할 수 있으니까요.

고전물리학은 절대 시간과 절대 공간의 대칭으로 물리현상을 설명했고 현대물리학은 상대적 시간과 상대적 공간으로 완벽하고도 완전한 대칭성을 추구한다고 봐야겠죠.

책의 특징

1. 에너지의 본질을 시간과 공간의 교환관계로 접근했습니다.

2. 라그랑주 역학의 변분을 허수로 설명했습니다.

3. 오일러 수의 특성을 단계별로 살폈습니다.
   - 오일러 수의 불연속과 연속성의 관계 탐색
   - 오일러 수의 대칭성, 오일러 함수의 성장계수 분석
   - 오일러 지수함수 그래프의 완벽한 이해

4. 오일러 공식의 허수를 활용, 시간과 공간을 해부했습니다.

5. 회전변환 행렬과 복소평면의 결합으로 4차원 시공간 설명

6. 힘, 에너지, 작용 관계를 오일러 함수의 순환대칭으로 접근

고전역학, classical mechanics

고전역학은 물리적 관점과 수학적 관점으로 접근할 수 있죠.

뉴턴은 물질 원리에 기초해 물리적 상황, 물리적 시각으로

운동방정식을 펼쳤습니다.

테일러는 계산으로 드러나는 수학적 성질에 맞추어

테일러 급수를 전개했습니다. 하나의 점에서 계속되는

시간 미분으로 도함수의 합을 유도한 거죠.

수 · 함수 · 방정식

수(數)는 물질계를 구성하는 낱낱의 사물을 세어서 표현한 값입니다. 수를 세거나 수의 성질을 가르치는 과목은 산수(算數)죠. 수학은 뭘까요? 셀 수 있는 수와 잴 수 있는 양(量), 공간의 성질을 탐구하는 학문입니다.

수학은 대수학, 기하학, 해석학, 응용수학 등으로 나뉩니다. 그럼 인간이 가장 먼저 파고든 분과 수학은? 기하학입니다. 인간은 도형(모양, 형태)이나 공간의 특성을 연구하는 기하부터 시작해 수학의 영역을 확장해왔습니다.

기하라는 말을 들으면 생각나는 사람이 있죠?

네. 고대 그리스의 철학자·수학자로 활동한 플라톤입니다. 플라톤이 세운 아카데미아 정문에는 이런 글귀가 씌어있었다고 하죠. "기하학을 모르는 자는 이 문 안으로 들어오지 말라."

플라톤 : 입체 기하

그는 <티마이오스>에서 우주의 구조와 탄생을 설명하며 입체 기하학을 활용했는데요. 물질의 기본구조는 직각 삼각형이라고 믿었습니다. 4가지 기본 원소(물, 불, 공기, 흙 등의 4원소)는 기하학적 다면체로 돼 있다고 했습니다.

불은 정 4면체, 흙은 정 6면체, 공기는 정 8면체, 물은 정 20면체로 보았습니다. 기본 원소들로 구성된 우주는? 정 12면체라 생각했습니다.

이 도형들은 변들이 $1:1:\sqrt{2}$인 직각 이등변삼각형, $1:\sqrt{3}:2$인 직각 부등변삼각형으로 환원될 수 있다고 믿었죠. 직각 이등변은 하나의 모양을 만들 수 있고 직각 부등변은 여러 가지 모양이 가능하다는 걸 알아냈습니다.

고대 철학자들에게 기하학은 중요한 학문이었습니다. 당시의 철학자들은 대부분 수학자였고 과학자였습니다. 우리가 활용하는 수학과 물리학의 근간이 그들의 사유에서 비롯되었습니다.

이후 기하학은 이슬람세계의 자연과학, 인도의 대수학과 접속하며 급격히 발전했습니다. 그래도 결정적 변화는 데카르트가 만들었다고 봐야겠죠.

데카르트 : 직교 좌표

프랑스의 수학자·철학자로 활약한 데카르트[*]가 직각 좌표축을 고안한 순간, 기하적인 상황을 수리로 해석하는 세계를 열었습니다.

데카르트의 직교 좌표는 어떤 점이 특별했을까요?

그는 하나의 평면을 4등분으로 나누었죠. 0을 중심으로 수를 상하, 좌우로 분할했습니다. 직교 좌표가 나오기 전까지 사람들은 양수만 사용했습니다. 데카르트 덕분에 우리는 음수(-), 마이너스 영역을 상상할 수 있게 된 거죠.

수의 영역이 음수까지 나아갔다는 건 사유의 반경이 확장되었음을 의미합니다. 양수는 표면세계, 특히 대상의 크기나 양(量)이라는 영역에서 사용됩니다. 음수는 양수가 활동할 수 없는 범위에서 활약합니다.

---

[*] Descartes René 1596~1650, 근대 철학의 시작을 알린 장본인으로 해석 기하학을 창안했습니다.

음수에서 함수로

0(없음을 의미)을 기준으로 오른쪽으로는 양의 수, 왼쪽으로는 음의 수가 놓이는 거죠. 음수 덕분에 수의 방향성을 생각할 수 있게 되었습니다.

결과적으로 음수가 등장하면서 어떤 대상이나 사안에 대해서 수리로 상상하고 추리하고 판단하는 인간의 사유능력은 더욱 탄력을 받았던 셈입니다. 사람들이 음수에 대해서 제대로 인식하게 된 것은? 17C 이후라는 얘기죠.

데카르트의 직교 좌표축 이후 기하학은 대수학으로 발전하면서 함수라는 개념이 탄생합니다. 이를테면 '탈레스의 정리'에서 비롯된 직각 삼각형을 직각 좌표로 나타내려다 보니 직각 삼각형에만 머물 수 없게 된 거죠. 네, 음수 덕분에 함수(삼각함수)로 나아갔습니다.

함수(函數)의 사전적 정의는 간단합니다.

변수 x, y에서 x값이 일정 범위에서 변할 때 y값도 영향을 받을 경우, x에 대해 y를 일컫는 말이죠. 그럼 변수(變數)는? 어떤 관계, 범위, 영향권 안에서 여러 가지 값으로 변할 수 있는 수입니다.

변수와 함수를 명확하게 구분하는 것이 중요합니다.

함수와 변수의 관계를 따져봅시다.

변수 x가 투입되면 함수의 수리 연산에 의해 1대 1로 대응되는 변수 y가 산출됩니다. 이때 연산하는 과정 F(x)를 함수라 합니다. 여기서 x는 독립변수, y는 종속변수입니다.

방정식, equation

함수와 비슷하지만 구분해서 사용해야 하는 용어가 있습니다. 방정식이죠. 방정식과 함수는 어떤 차이가 있을까요?

함수는 독립변수 x와 종속변수 y의 관계를 설정하고 임의의 독립변수를 투입, 종속변수가 산출되는 것이죠. 데카르트 좌표축에서는 함수를 그래프로 표시합니다.

방정식은 함수 y=F(x)에서 종속변수 y가 0이 되는 독립변수 x 값(solution)을 찾아내는 거죠.

다음 수식을 보면 차이를 알 수 있습니다.

$$함수 \quad y(임의\,값) = F(x)$$
$$방정식 \quad 0 = F(x)$$

방정식은 왜 y값에 0을 놓았을까요?

데카르트 직각 좌표축에서 원점을 좌표로 표시하면 (0, 0)입니다. 종속변수 y=0은 x축이 되므로 함수 F(x)값에서 x축과 만나는 점을 구하기 위해서죠. 방정식은 함수 관계식에서 특정한 x값을 찾아내는 수식이니까요.

물리학은 수학이 없으면 추론이 어려운 학문입니다.

물리수학이라는 용어가 등장한 것도 수학을 마치 물리학의 기초 과정처럼 생각하는 분들이 많기 때문입니다. 그럼 함수와 방정식이 물리학에서 어떻게 이용되는지 뉴턴의 운동방정식을 통해 생각해봅시다.

뉴턴 운동방정식

$$F = ma \quad (a : 가속도)$$

$$\rightarrow F = m\frac{d^2x}{dt^2}$$

운동방정식입니다. 미분방정식이죠.

F=ma에서 힘은 가속도에 질량을 곱한 형태죠. 외양은 함수처럼 보입니다. 내용은? 두 가지 힘을 각각의 함수로 놓고 동일하게 만든 방정식입니다.

뉴턴(영국 1643~1727)은 1687년에 자연철학의 수학적 원리인 <프린키피아>를 출판하면서 운동방정식과 함께 2가지 법칙을 제시했습니다. 뉴턴의 운동법칙으로 알려진 것들이죠. 운동방정식을 풀 때는 식을 보조하는 법칙 2개도 살펴야 합니다.

보조법칙

$F = ma$를 지원하는 법칙

1. 관성 법칙
2. 작용 – 반작용 법칙

(조건에 따라 바뀜) 반작용 = 작용(늘 같은 수식)

(외부의 힘) $F = m\dfrac{d^2x}{dt^2}$ (운동하는 물체의 힘)

왼쪽 항은 반작용하는 물체의 운동에 대응하는 힘이고 오른쪽은 물체가 운동할 때 생기는 힘이죠. 운동방정식은 대항하는 두 힘이 맞설 때 x(t)의 변화를 찾아내는 식입니다.

F=ma가 단순한 함수가 아니라는 거죠.

만유인력을 적용하면 이렇게 됩니다.

$$F = ma$$
$$\rightarrow \quad -G\dfrac{Mm}{r^2} = ma$$

(M : 태양질량 m : 물체의 질량 r : 천체간 거리)

F=ma에서 왼쪽 항은 만유인력, 오른쪽은 운동하는 행성의 가속도에서 비롯된 힘입니다. 두 힘이 대응하고 있죠.

만유인력의 부호가 (-)로 되어 있는 건?

서로 반대 방향으로 작용-반작용하기 때문입니다.

뉴턴은 만유인력을 어떻게 찾아냈을까요? 게다가 식을 풀어내기도 했죠. 수식을 유도할 때 뉴턴이 이용한 자료는 케플러 법칙입니다.

1법칙: 모든 행성은 태양을 중심으로 타원 궤도를 그리며 움직인다.

2법칙: 태양과 행성을 잇는 직선이 같은 시간에 나타내는 면적은 언제나 일정하다.

3법칙: 행성의 공전 주기를 제곱하면 태양과 행성의 평균 거리를 세 번 제곱한 값에 비례한다.

시간이 빠진 케플러 법칙

케플러(독일 Kepler, Johannes 1571~1630)의 오랜 관찰과 경험에서 나온 케플러 법칙은 뉴턴에 의해 이론으로 증명되었습니다. 케플러 법칙은 기하학에 바탕을 둔 정적(靜的)인 자료죠.

정지 상태의 법칙에 가깝다는 얘기입니다. 시간이 빠져있으니까요. 케플러는 시간의 함수를 고려하지 않았습니다. 수식에 시간을 기술할 수 없었습니다.

왜? 케플러가 활동하던 시대에는 미분이라는 개념이 없었습니다. 행성의 동태를 시간 함수로 표현한다? 끊임없이 움직이며 변화하는 행성의 궤적을? 엄청나게 힘든 작업일 겁니다. 당대 과학자들이 힘을 합해도 쉽지 않은 일이죠.

시간 분석을 시도한 뉴턴

케플러가 남긴 천체 운동 자료를 보며 새로운 발상을 떠올린 사람이 있죠. 네. 뉴턴입니다. 그는 이전의 연구자들과는 다른 접근을 시도합니다. 케플러가 관측한 궤도를 작은 삼각형으로 나누고 짧은 시간 동안 움직인 거리부터 파헤칩니다.

기하적 분석을 동원해 아주 가깝고 짧은 시간 간격을 설정한 다음, 변화한 위치와 속도를 함수로 표시했습니다. 이렇게 되면 기울기를 측정할 수 있고 속도, 가속도, 힘이 자연스레 도출되겠죠. 힘과 미분 개념이 생기면서 $F=ma$라는 운동방정식이 성립되었습니다.

유율법

뉴턴이 운동방정식을 적용할 때 사용한 방식을 유율(미분 계수)법이라 합니다. 속도와 가속도에 짧은 시간이라는 의미의 오미크론(그리스의 알파벳으로 15번째 문자 (O, o)) 그러니까 무한소 시간을 이용했죠. 이게 오늘날의 미분(dt 개념)으로 발전합니다.

지금 우리가 쓰는 미분방정식은 뉴턴이 사용한 유율을 세련되게 다듬은 것입니다. 뉴턴이 물체의 운동방정식을 유율로 풀었던 접근은 지금 우리가 알고 있는 방식과는 좀 다릅니다.

당시에는 운동방정식의 해를 푸는 방법이 알려지지 않았죠. 해를 얻었다고 해도 운동방정식의 해가 맞는지 검증할 수 있는 기준이 없었습니다.

물체가 움직인 자취를 관측하고 측정된 자료를 분석한 다음, 그 값을 해에 적용해 결과가 비슷하게 나오면 운동방정식의 해를 구했다고 생각했던 겁니다. 이 경우는 물체의 위치와 속도에 대한 최초 정보, 초기정보가 필요합니다.

속도는 위치에 대한 미분이고 속도를 한 번 더 미분하면 가속도가 되죠. 속도와 가속도를 계산할 때 나중 위치와 처음 위치의 시간 차이, $\triangle t$만큼의 차이가 생깁니다.

여기서 뉴턴은 경과 시간(오미크론)이 작으면 작을수록 계산 값이 정확해진다는 걸 알았습니다. 이게 뉴턴의 유율법이 되었고 이후 극한값이 되면서 오늘날의 미분이 된 것이죠. 유율법을 발견한 뉴턴이 미분의 창시자로 인정받는 건 그가 사용한 오미크론이 '극한 개념'과 유사하기 때문입니다.

차분, difference

무한소인 오미크론으로 운동하는 물체의 속도나 가속도를 계산하는 건 불가능합니다. 무한소 시간(오미크론)은 개념적 시간, 이론적 시간이니까요. 미분 자체가 그런 것이기도 하죠.

실제 측정에서는 무한소의 경과 시간 $\triangle t$가 어느 정도의 크기를 갖게 됩니다. 이걸 차분이라 부릅니다. 컴퓨터로 계산하는 수치해석처럼 차분 방정식으로 푸는 겁니다.

속도와 가속도에 관한 차분 방정식을 만들어보죠.

$$속도\, v(t_{처음위치}) = \frac{x(t_{나중위치}) - x(t_{처음위치})}{\triangle t}$$

$$v(t) = \frac{x(t+\triangle t) - x(t)}{\triangle t}$$

$$x(t+\triangle t) = x(t) + v(t)\triangle t$$

$$가속도\, a(t_{처음위치}) = \frac{v(t_{나중위치}) - v(t_{처음위치})}{\triangle t}$$

$$a(t) = \frac{v(t+\triangle t) - v(t)}{\triangle t}$$

$$v(t+\triangle t) = v(t) + a(t)\triangle t$$

   속도와 가속도 수식에서 주의 깊게 볼 부분이 있습니다.

   나중 위치-처음 위치, 나중 속도-처음 속도를 연결고리로 이용하는 겁니다. 속도와 차분 △t로 가속도를 추적할 수 있고 속도와 동일한 차분 △t로 위치를 추적할 수 있으니까요.

   위치-속도-가속도의 과정이 차분 △t의 관계로 연결됩니다.

고전역학, classical mechanics

초기위치 $x_0 = x(0)$

1번째 이동위치 $x_1 = x(\Delta t)$

2번째 이동위치 $x_2 = x(2\Delta t)$

초기속도 $v_0 = v(0) = \dfrac{x(\Delta t) - x(0)}{\Delta t} = \dfrac{x_1 - x_0}{\Delta t}$ ··· 1식

1번째속도 $v_1 = v(\Delta t) = \dfrac{x(2\Delta t) - x(\Delta t)}{\Delta t}$

$= \dfrac{x_2 - x_1}{\Delta t}$ ··· 2식

가속도 a_0

$a_0 = \dfrac{v_1 - v_0}{\Delta t} = \dfrac{v_1(\Delta t) - v_0(0)}{\Delta t}$ 에 1, 2식 대입

$\rightarrow \dfrac{v_1 - v_0}{\Delta t} = \dfrac{\dfrac{x_2(2\Delta t) - x_1(\Delta t)}{\Delta t} - \dfrac{x_1(\Delta t) - x_0(0)}{\Delta t}}{\Delta t}$

$= \dfrac{x_2(2\Delta t) - 2x_1(\Delta t) + x_0(0)}{\Delta t^2} = \dfrac{x_2 - 2x_1 + x_0}{\Delta t^2}$

위치 x_2에 대한 2차 차분방정식

$$x_2(2\Delta t) = a_0 \Delta t^2 + 2x_1(\Delta t) - x_0(0)$$

$$\rightarrow x_2 = a_0 \Delta t^2 + 2x_1 - x_0$$

2차 차분방정식을 일반화하면

$$x_{i+2} = a_i \Delta t^2 + 2x_{i+1} - x_i \quad (가속도\ a_i = \frac{F_i}{m})$$

$$x_{i+2} = \frac{F_i}{m} \Delta t^2 + 2x_{i+1} - x_i$$

가속도-속도-위치로 연결된 차분 방정식은?

초기에 m 질량을 가진 정지한 물체에 힘이 가해질 때의 정보입니다. 초기정보를 알면 물체 위치의 순차적 변화를 추론할 수 있습니다.

초기정보는 초기위치 x_0, 1번째 위치 x_1, 가해진 힘 F_0죠.

초기위치 x_0와 1번째 이동 위치 x_1에서 속도 v_0가 나옵니다. 그 다음 가속도 a_0를 알 수 있고 그 값으로 2번째 이동 위치 x_2를 계산할 수 있습니다.

x_2를 알면? 1번째 이동 위치 x_1과 2번째 이동 위치 x_2에서 3번째 이동 위치 x_3를 알 수 있습니다. 같은 방식으로 2번째와 3번째 위치로 4번째 이동 위치, 3번째와 4번째 위치로 5번째 이동 위치를 순차로 계산할 수 있습니다.

물체가 이동한 위치에서 힘이 일정하거나 쉽게 측정 가능하다면? 2차까지의 차분 방정식만 유도하면 되겠죠. 다음 위치로 옮겨간 물체의 위치를 알 수 있는 점화식(Recurrence formula)이 되니까요.

뉴턴 시대는 운동방정식을 미분방정식으로 풀기보다는 점화식으로 만들었습니다. 일정한 중력에 의해 움직이는 물체 위치를 실험으로 확인, F=ma의 정확성을 확보한 것이죠.

$F = mg$ 일정 (중력 가속도 g)

$x(t) = x_0 + v_0 \Delta t + \dfrac{1}{2} g \Delta t^2$ (포물선)

$x(t)$의 독립변수 t에 따른 위치

$t = \Delta t$ 경과후 위치 $\quad x_1 = x_0 + v_0 \Delta t$

$t = 2\Delta t$ 경과후 위치 $\quad x_2 = x_1 + v_1 \Delta t$

$t = 3\Delta t$ 경과후 위치 $\quad x_3 = x_2 + v_2 \Delta t$

$t = 4\Delta t$ 경과후 위치 $\quad x_4 = x_3 + v_3 \Delta t$

$t = 5\Delta t$ 경과후 위치 $\quad x_5 = x_4 + v_4 \Delta t$

...
...

초기속도 $\quad t = 0$일때 $\quad v_0 = v(0)$

$t = \Delta t$ 경과후 속도 $\quad v_1 = v_0(0) + g\Delta t$

$t = 2\Delta t$ 경과후 속도 $\quad v_2 = v_1 + g\Delta t$

$t = 3\Delta t$ 경과후 속도 $\quad v_3 = v_2 + g\Delta t$

$t = 4\Delta t$ 경과후 속도 $\quad v_4 = v_3 + g\Delta t$

$t = 5\Delta t$ 경과후 속도 $\quad v_5 = v_4 + g\Delta t$

...
...

중력처럼 가속도가 일정한 값에 차분 방정식을 적용, 추적하면? 포물선을 그립니다. 2차 함수의 그래프와 같죠.

그럼 가속도 a가 위치마다 다르면 어떻게 될까요?

가속도 a(F/m)가 일정하지 않다면 측정이 어려워집니다. 매 순간 다르게 작용하는 시간차분 △t에 곱하는 가속도 a를 구분해야 하니까요.

데이터 2개를 놓고 순간순간 힘을 측정하거나 아니면 어느 하나의 위치를 정확하게 계산해 나머지 하나를 역산해야 합니다.

초기속도 $t=0$일때 $v_0 = v_0(0)$

초기가속도 $t=0$일때 $a_0 = a_0(0)$

$t=\Delta t$ 경과후 속도 $v_1 = v_1(\Delta t) = v_0(0) + a_0 \Delta t$

$t=2\Delta t$ 경과후 속도 $v_2 = v_2(2\Delta t) = v_1(\Delta t) + a_1 \Delta t$

$t=3\Delta t$ 경과후 속도 $v_3 = v_3(3\Delta t) = v_2(2\Delta t) + a_2 \Delta t$

$t=4\Delta t$ 경과후 속도 $v_4 = v_4(4\Delta t) = v_3(3\Delta t) + a_3 \Delta t$

$t=5\Delta t$ 경과후 속도 $v_5 = v_5(5\Delta t) = v_4(4\Delta t) + a_4 \Delta t$

...
...

차분 방정식은 2차 △t에 관한 식으로 끝나지 않죠. 차수를 더 올려 3차, 4차, ... 무한으로 할 수도 있습니다.

물체가 이동할 때 순간적으로 가가속도(aa_0)를 가정하고 그때의 차분 방정식을 유도하면 3차 차분 방정식이 됩니다. 과정을 유도해보죠.

초기위치 $\quad x_0 = x(0)$

1번째 이동 위치 $x_1 = x_1(\triangle t)$

2번째 이동 위치 $x_2 = x_2(2\triangle t)$

3번째 이동 위치 $x_3 = x_3(3\triangle t)$

(초기)가가속도 $\quad aa_0(0) = \dfrac{a_1(\triangle t) - a_0(0)}{\triangle t} = \dfrac{a_1 - a_0}{\triangle t}$

나중 가속도 $a_1 = \dfrac{v_2(2\triangle t) - v_1(\triangle t)}{\triangle t} \qquad \cdots 3식$

초기가속도 $a_0 = a_0(0) = \dfrac{v_1(\triangle t) - v_0(0)}{\triangle t} \qquad \cdots 4식$

(초기)가가속도 aa_0

$$aa_0 = \frac{a_1 - a_0}{\Delta t} = \frac{a_1(\Delta t) - a_0(0)}{\Delta t}$$ 에 3식, 4식 대입

$$\rightarrow aa_0 = \frac{\frac{v_2(2\Delta t) - v_1(\Delta t)}{\Delta t} - \frac{v_1(\Delta t) - v_0(0)}{\Delta t}}{\Delta t}$$

$$= \frac{v_2(2\Delta t) - 2v_1(\Delta t) + v_0(0)}{\Delta t^2} = \frac{v_2 - 2v_1 + v_0}{\Delta t^2}$$

$$= \frac{\frac{x_3 - x_2}{\Delta t} - 2\frac{x_2 - x_1}{\Delta t} + \frac{x_1 - x_0}{\Delta t}}{\Delta t^2} = \frac{x_3 - 3x_2 + 3x_1 - x_0}{\Delta t^3}$$

3차 차분 방정식
$$\rightarrow x_3 = aa_0 \Delta t^3 + 3x_2 - 3x_1 + x_0$$

2차 차분 방정식과 비교
$$\rightarrow x_2 = a_0 \Delta t^2 + 2x_1 - x_0$$

3차 차분 방정식과 2차 차분 방정식은 어떤 차이가 있을까요?
2차 차분 방정식에서 물체의 이동 위치를 알려면? 2개의 위치를 계산해서 점화식으로 3번째 이동 위치를 파악할 수 있습니다.

3차 차분 방정식에는 물체 3개의 위치가 필요합니다. 가가속도 aa_0에 내재된 $2\triangle t$로 이동 위치 x_3를 알 수 있습니다.

이번에는 4차 차분 방정식을 유도해봅시다.

4번 미분된 가가가속도 aaa_0 식에서 4차 차분 방정식을 끌어내는 거죠.

(초기) 가가가속도 aaa_0

$$aaa_0 = \frac{aa_1 - aa_0}{\triangle t} = \frac{aa_1(\triangle t) - aa_0(0)}{\triangle t}$$

$$aa_1 = \frac{a_2 - a_1}{\triangle t} = \frac{\frac{v_3(3\triangle t) - v_2(2\triangle t)}{\triangle t} - \frac{v_2(2\triangle t) - v_1(\triangle t)}{\triangle t}}{\triangle t}$$

$$= \frac{v_3 - 2v_2 + v_1}{\triangle t^2} \quad \cdots \ 5식$$

$$aa_0 = \frac{a_1 - a_0}{\triangle t} = \frac{\frac{v_2(2\triangle t) - v_1(\triangle t)}{\triangle t} - \frac{v_1(\triangle t) - v_0(0)}{\triangle t}}{\triangle t}$$

$$= \frac{v_2 - 2v_1 + v_0}{\triangle t^2} \quad \cdots \ 6식$$

$\rightarrow aaa_0 = \dfrac{aa_1 - aa_0}{\triangle t}$ 에 5, 6식 대입

$$= \dfrac{\dfrac{v_3 - 2v_2 + v_1}{\triangle t^2} - \dfrac{v_2 - 2v_1 + v_0}{\triangle t^2}}{\triangle t} = \dfrac{v_3 - 3v_2 + 3v_1 - v_0}{\triangle t^3}$$

$$= \dfrac{\dfrac{x_4 - x_3}{\triangle t} - 3\dfrac{x_3 - x_2}{\triangle t} + 3\dfrac{x_2 - x_1}{\triangle t} - \dfrac{x_1 - x_0}{\triangle t}}{\triangle t^3}$$

$$= \dfrac{x_4 - 4x_3 + 6x_2 - 4x_1 + x_0}{\triangle t^4}$$

4차 차분방정식

$\rightarrow x_4 = aaa_0 \triangle t^4 + 4x_3 - 6x_2 + 4x_1 - x_0$

1차, 2차, 3차, 4차 차분 방정식을 나열해봅시다.

차분 방정식

1차 $x_1 = v_0 \triangle t + x_0$

2차 $x_2 = a_0 \triangle t^2 + 2x_1 - x_0$

3차 $x_3 = aa_0 \triangle t^3 + 3x_2 - 3x_1 + x_0$

4차 $x_4 = aaa_0 \triangle t^4 + 4x_3 - 6x_2 + 4x_1 - x_0$

...
...

n차 차분 방정식에서 $\triangle t$의 차수는 물체의 이동 위치 x의 점자와 대응합니다. x_0에서 4번 나아간 위치 x_4는 $\triangle t^4$의 차수로 계산할 수 있습니다. 앞 단계 값으로 다음 단계 값을 알 수 있는 점화식이 됩니다.

이 방식은 이론으로만 가능합니다. 힘이나 위치의 정확성을 실제로 이렇게 검증하는 건 어렵죠. 우리가 날마다 접하는 날씨 예보만 봐도 알 수 있습니다. 실제 데이터에 기초한 기상청의 슈터 컴퓨터조차 복잡한 운동방정식을 풀기는 어렵습니다.

수치 해석이 쉽지 않다는 얘깁니다.

차분 방정식 가치

차분 방정식의 진가는 따로 있었습니다. 뉴턴은 물체의 이동 위치를 계산할 때 2차 차분 방정식에서 가속도 단계를 높여가는 차분 방정식을 계산할 필요가 없었습니다. 2차 차분 방정식으로도 충분했으니까요.

어떻게? 관성의 법칙을 활용했던 겁니다. 관성 법칙에 의하면 물체 속도는 매 순간 증분된 속도가 가속도가 되면서 힘이 됩니다.

물체 위치는 가속도, 가가속도, 가가가속도의 고차 차분 방정식 없이 가속도로 바로 반영되니까요. 2차 차분 방정식만으로도 위치 변화를 추적하고 힘 F=ma를 검증할 수 있습니다.

이런 점이 수학과 물리학의 차이인 셈이죠.

F=ma로 시작된 자연과학시대

뉴턴이 등장하기 전에 사람들은 기하학을 뛰어넘을 수 있다고 생각지 않았습니다. 왜? 시간을 독립변수로 여기지 않았으니까요. 미분이 나오면서 시간은 독립변수가 됩니다. 미분이 학문의 세계를 열어젖힌 거죠.

뉴턴은 수학 발전에 엄청난 공헌을 한 수학자죠. 한데 그의 진가는 미분방정식에서 운동방정식 F=ma를 발견한 것에 있습니다.

자연과학사에서 운동방정식 F=ma는 혁명에 가까운 수식이니까요. 운동방정식에서 중요한 건? 힘의 원인이 속도가 아니고 가속도라는 거죠. F=ma는 가속도 a가 주된 요소임을 의미하는 수식입니다.

힘의 원인

힘은 아주 오래전부터 관심의 대상이었죠. 특히 고대 그리스에서 자연철학자(과학자 + 철학자)로 활동한 아리스토텔레스는 힘을 깊이 연구했습니다.

힘에 대해 그는 이렇게 판단했습니다.

'자연의 물체는 정지한 상태가 자연스럽다'

힘의 원인(impetus)은 속도라 믿었죠.

아리스토텔레스(기원전 384~기원전 322)의 추론은 2000여 년 이상 진리로 여겨졌습니다. 힘에 대한 탐구는 중세(5세기~15세기 중엽)에도 이어졌습니다.

16세기부터는 코페르니쿠스(폴란드 1473~1543), 브라헤(덴마크 1546~1601), 갈릴레이(이탈리아 1564~1642), 케플러(독일 1571~1630) 같은 인물이 나오기 시작했죠.

기준 좌표계

갈릴레이의 업적은 칭송받을 만합니다. 뉴턴의 운동방정식 제1 법칙인 관성 법칙을 발견한 장본인이니까요.

관성 법칙은 외부에서 힘이 작용하지 않으면 물체는 등속도 운동을 한다는 거죠. 관성의 법칙에 따르면 물체의 자연스러운 상태는 정지해 있는 것이 아니라 일정한 속도로 움직입니다.

아리스토텔레스의 생각이 완전히 틀린 건 아닙니다. 정지한 물체의 속도 v가 0인 경우는 그의 추론이 맞으니까요. 오늘날 관성 법칙은 그 누구도 의심하지 않습니다. 익숙하고도 당연한 진리인 셈이죠.

곰곰 따져보면 참 이상한 법칙이기도 합니다. 같은 속도로 직선으로 움직이는 상황이 좌표계의 기준이라는 얘기니까요. 왜 그럴까요?

중심 없는 우주

관성 법칙의 적용 범위를 우주까지 확장해봅시다.

우주에는 중심이 없죠. 우주 진공에서 물체가 제각각 일정한 속도로 움직이면? 물체들은 떠다니며 위치를 계속 바꾸겠죠. 물체들의 움직임을 알아채기 어렵습니다. 잠시 스쳤다가 비껴가고 교차하는가 싶으면 다시 엇갈리는 이동을 지속할 겁니다. 행로가 어긋나는 물체들을 보면서 어느 쪽이 움직이고 어느 쪽이 정지해 있는지 결정할 수 있을까요?

우주는 중심이라 할 만한 위치를 설정할 수 없는 곳입니다. 시간을 포함한 세상에 있는 온갖 것들을 담아내는 공간의 총합이 우주니까요.

관성계의 중심

아니, 그럼 이 세상이 중심도 없이 작동한다고?

그럴 리가요. 중심은 우주가 잡는 게 아니란 얘깁니다.

중심은 개체나 물상이 갖습니다. 저마다 활동하는 관성계에서 중심을 설정하는 것이죠. 제각각 등속 직선 운동하는 관성계에서 그들 각각의 움직임에 맞추어 작용점(중심)을 갖습니다. $F=ma$에서 가속도 a가 왜 힘의 핵심 요소인지 어렴풋하게나마 느낄 수 있겠죠?

아리스토텔레스는 물체의 자연스러운 상태를 정지한 것으로 보았습니다. 그 때문에 속도를 힘의 원인이라 판단했습니다.

가만히 있던 물체의 위치를 바꾸는 속도가 힘과 연관이 있다는 주장은 꽤 그럴듯해 보이죠? 감각적으로도 와 닿고 설득력도 있고.

뉴턴의 생각은 달랐습니다. 관성 법칙에 따르면 물체는 등속직선 운동을 하는 게 자연스럽고도 당연합니다. 어떤 물체의 상태가 바뀌려면? 속도가 변해야 하니 힘의 주된 요소는 마땅히 가속도고 수식은 F=ma가 되는 거죠.

이런 과정을 생각하면서 차분 방정식을 살펴봅시다.

$$x(2\Delta t) = a_0 \Delta t^2 + 2x(\Delta t) - x(0)$$

위치 x_2의 2차 차분방정식

$$\rightarrow x_2 = a_0 \Delta t^2 + 2x_1 - x_0$$

x_2를 힘으로 일반화하면

$$x_{i+2} = a_i \Delta t^2 + 2x_{i+1} - x_i \quad (가속도\ a_i = \frac{F_i}{m})$$

$$x_{i+2} = \frac{F_i}{m} \Delta t^2 + 2x_{i+1} - x_i$$

이 수식을 이용하면 초기위치 x_0와 위치 x_1, 힘 F에 의해 x_2를 계산할 수 있습니다. 같은 단계를 밟으면 x_3, x_4, x_5, x_6 ... 를 알 수 있습니다.

초기속도 $v_0 = v_0(0)$

초기가속도 $a_0 = a_0(0)$

$\triangle t$ 경과후 속도 $v_1 = v_1(\triangle t) = v_0(0) + a_0 \triangle t$

$2\triangle t$ 경과후 속도 $v_2 = v_2(2\triangle t) = v_1(\triangle t) + a_1 \triangle t$

$3\triangle t$ 경과후 속도 $v_3 = v_3(3\triangle t) = v_2(2\triangle t) + a_2 \triangle t$

$4\triangle t$ 경과후 속도 $v_4 = v_4(4\triangle t) = v_3(3\triangle t) + a_3 \triangle t$

$5\triangle t$ 경과후 속도 $v_5 = v_5(5\triangle t) = v_4(4\triangle t) + a_4 \triangle t$

...
...

$F = ma$ 일정할 경우 (ex : 중력가속도 g)

$x(t) = x_0 + v_0 \Delta t + \dfrac{1}{2} g \Delta t^2$ (포물선)

초기위치 $t = 0$ $x_0 = x(0)$

Δt 경과후 위치 $x_1 = x_1(\Delta t) = x_0 + v_0 \Delta t$

$2\Delta t$ 경과후 위치 $x_2 = x_2(2\Delta t) = x_1 + v_1 \Delta t$

$3\Delta t$ 경과후 위치 $x_3 = x_3(3\Delta t) = x_2 + v_2 \Delta t$

$4\Delta t$ 경과후 위치 $x_4 = x_4(4\Delta t) = x_3 + v_3 \Delta t$

$5\Delta t$ 경과후 위치 $x_5 = x_5(5\Delta t) = x_4 + v_4 \Delta t$

$\quad\quad\quad\quad\quad\quad\quad\quad ...$
$\quad\quad\quad\quad\quad\quad\quad\quad ...$

초기속도 $v_0 = v(0)$

Δt 경과후 속도 $v_1 = v_1(\Delta t) = v_0(0) + a_0 \Delta t$

$2\Delta t$ 경과후 속도 $v_2 = v_2(2\Delta t) = v_1(\Delta t) + a_0 \Delta t$

$3\Delta t$ 경과후 속도 $v_3 = v_3(3\Delta t) = v_2(2\Delta t) + a_0 \Delta t$

$4\Delta t$ 경과후 속도 $v_4 = v_4(4\Delta t) = v_3(3\Delta t) + a_0 \Delta t$

$5\Delta t$ 경과후 속도 $v_5 = v_5(5\Delta t) = v_4(4\Delta t) + a_0 \Delta t$

$\quad\quad\quad\quad\quad\quad\quad\quad ...$
$\quad\quad\quad\quad\quad\quad\quad\quad ...$

테일러 급수

뉴턴(1643~1727)이 살았던 시대는 물리와 수학이 분과 학문이 아니었습니다. 그 시절의 수학은 아마도 오늘날의 기하학 정도였을 겁니다.

뉴턴은 전제 운동을 이해하기 위해 시간 개념을 기하학에 적용했죠. 그 과정에서 시간의 변화에 따른 위치 변화를 기하적 방식으로 해결, 미분 개념으로 나아갔습니다.

비슷한 시기에 영국의 브루크 테일러(1685~1731)는 테일러 급수를 발견했습니다. 뉴턴역학과는 좀 다른 시각에서 새로운 방향을 제시했죠. 테일러는 스코틀랜드의 제임스 그레고리(1638~1675)[*]의 발상을 기초로 수식을 만들어 발표했습니다.

---

[*] 수학자·천문학자로 활동했죠. 반사되는 망원경을 처음으로 만들었고 미적분 정리도 증명했습니다.

이후에 영국의 수학자 매클로린(1698~1746)은 원점이 중심인 테일러 급수(Taylor series)를 매끄럽게 다듬었죠.

'매클로린의 정리(급수)'로 재정비되면서 급수의 표현이 한결 개선되었습니다.

위치 함수 $x(t)$를 일반 함수 $f(t)$로 바꾸고 계속 미분 가능하면

$$f(t) = \sum_{n=0}^{\infty} \frac{1}{n!} f^{n\prime}(a)(t-a)^n$$

$$= f(a) + \frac{f'(a)}{1!}(t-a) + \frac{f''(a)}{2!}(t-a)^2 + \frac{f'''(a)}{3!}(t-a)^3 + \cdots$$

($f^{n\prime}(a)$는 a의 한 점에서 n번 미분, a값을 대입한 상수

$a=0$이면 매클로린 급수가 됨)

$$f(t) = \sum_{n=0}^{\infty} \frac{f^{n\prime}(0)}{n!} t$$

$$\equiv f(0) + \frac{f'(0)}{1!}t + \frac{f''(0)}{2!}t^2 + \frac{f'''(0)}{3!}t^3 + \frac{f''''(0)}{4!}t^4 + \cdots$$

(테일러 급수에서 $n = 0 \sim \infty$까지 더하면 성립)

수학으로 전개한 차분 방정식

테일러 급수를 간단히 소개하면? 고차 차분 방정식의 급수 전개를 수학적으로 추적한 거죠. 물리현상으로 접근한 게 아니라는 얘깁니다. 이 부분은 고차 차분 방정식의 급수를 전개하다 보면 알 수 있습니다.

차분 방정식 급수 전개

1차 $\quad x_1 = v_0 \Delta t + x_0$

2차 $\quad x_2 = a_0 \Delta t^2 + 2x_1 - x_0$

3차 $\quad x_3 = aa_0 \Delta t^3 + 3x_2 - 3x_1 + x_0$

4차 $\quad x_4 = aaa_0 \Delta t^4 + 4x_3 - 6x_2 + 4x_1 - x_0$

...
...

차분 방정식의 차수를 높여나가는 방식이 그렇습니다.

시간을 2차 미분한 가속도에서 그치지 않죠. 미분 상황을 계속 이어가는 것만 봐도 확인할 수 있습니다. 이런 발상은 뉴턴 운동방정식의 연장선에서 비롯된 거죠.

이건 테일러의 이력을 보면 수긍할 수 있습니다. 그는 영국에서 출생, 케임브리지 대학에서 공부하고 1712년 왕립학회 회원이 되었습니다.

뉴턴이 발견한 미적분에 관심이 많았고 이해도도 높아 일찌감치 뉴턴의 후계자로 불렸습니다. 당연히 차분 방정식을 푸는 해법에도 정통했고 탁월한 역량도 보였겠죠.

그는 뉴턴이 실제로 물체 운동을 적용할 때의 상황도 잘 알고 있었습니다. 차분 방정식은 2차에 그치고 그 지점에서 가속도에 질량을 곱한 물리량을 힘으로 정의, 자연의 운동방정식이 유도된다는 걸 명확히 이해하고 있었겠죠.

끝이 없는 시간 미분

테일러는 시간 미분에 주목했을 겁니다. 시간 미분을 계속하면 어떻게 될까? 라는 가정을 해본 거겠죠. 테일러 급수는 시간 미분을 멈추지 않고 끝없이 이어간다는 착상에서 나왔습니다.

원래 초월함수*는 n차 다항식으로 표시할 수 없는 함수입니다. 다만 무한미분이 가능하다는 전제에서 다항식의 멱급수로 기술, 해석함수의 새로운 지평을 열었습니다.

---

* 삼각함수, 로그함수, 지수(exponential)함수

특히 삼각함수와 오일러 공식을 보면 테일러 급수의 진가를 알 수 있습니다. 테일러 급수는 초기에는 주로 근사식으로 쓰였습니다. 의미를 따지면? 근사식에서 끝나진 않죠. 미적분 분야에서 혁명적이라 해도 좋을 기여를 해왔으니까요.

테일러 급수의 증명은? 소개한 차분 방정식을 계속 미분한 다음 t=0를 대입한 후, 남은 계수를 확인하면 할 수 있습니다. 여기서는 차분 방정식의 아이디어로 유도하겠습니다.

차분 방정식이 나오게 된 배경이 궁금하죠?

속도는 위치에 대한 1차 미분방정식이고, 가속도는 위치의 2자 미분방성식입니다. 이 두 가지 정보를 활용, 점화식의 논리로 식을 펼쳐나갔던 겁니다.

1차 차분 방정식이면 하나의 초기치 x_0와 속도에서 x_1값(직선 방정식)을 알 수 있죠. 2차 차분일 경우는 2개 정보 즉 속도, 가속도에서 그다음 이동 위치 x_2를 추적할 수 있습니다.

이동된 위치 정보 x_1, x_2에서 3번째 위치를 유추할 수 있죠. 4번째 위치라면? 점화식에 기초해 4번째 위치 x_4를 알 수 있습니다. 같은 방식으로 5번째, 6번째 ... 위치가 정해지겠죠.

미분 차수 상승

테일러 급수의 접근은? 미분의 차수를 높이면 됩니다.

테일러 급수는 함수가 시간 t로 계속 미분 가능한 경우 1차 근사식에서 2차 근사식, 2차 근사식에서 3차 근사식으로 차수를 높일 수 있습니다. 또 차수가 올라갈수록 함수 f(t)값은 무한의 멱급수 다항식으로 표현됩니다.

면적 구하는 정적분 수식 이용

$$S(x) - S(a) = \int_a^x S'(x)\,dx$$
$$\to S(x) = S(a) + \int_a^x S'(x)\,dx$$

정적분에 의한 면적을 f(t) 형태로 바꾸어 t=0에서 시작할 수 있습니다. 처음부터 시작점을 t=0로 두면 복잡한 테일러 급수를 수월한 매클로린 급수로 유도할 수 있다는 얘깁니다.

$S(x)$를 $f(t)$로 바꾸고 시작지점 $t = 0$로 두면

$$\to f(t) - f(0) = \int_0^t f'(t)\,dt$$
$$\to f(t) = f(0) + \int_0^t f'(t)\,dt \ \ \cdots A식$$

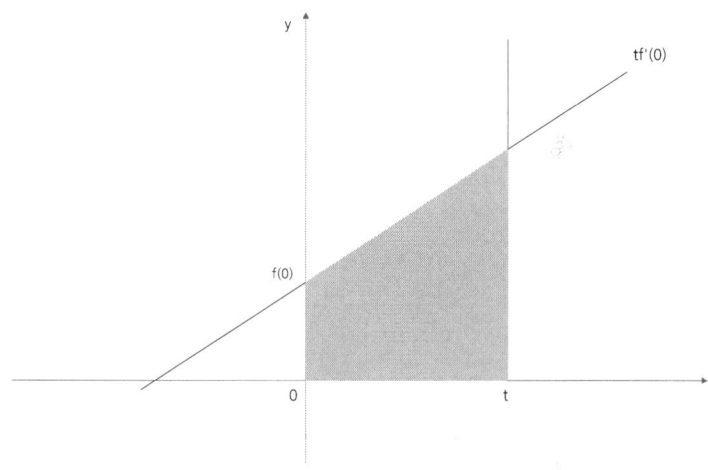

그래프에서 알 수 있듯 f(t)가 1차 함수면 미분 계수는 상수의 기울기를 갖습니다. 정확한 면적을 계산할 수 있죠.

f(t)가 2차 함수 이상인 다항식이라면?

1차 미분 계수만으로는 면적을 구할 수 없습니다. 정적분 수식을 이용, 올바른 관계식으로 면적을 찾아야겠죠.

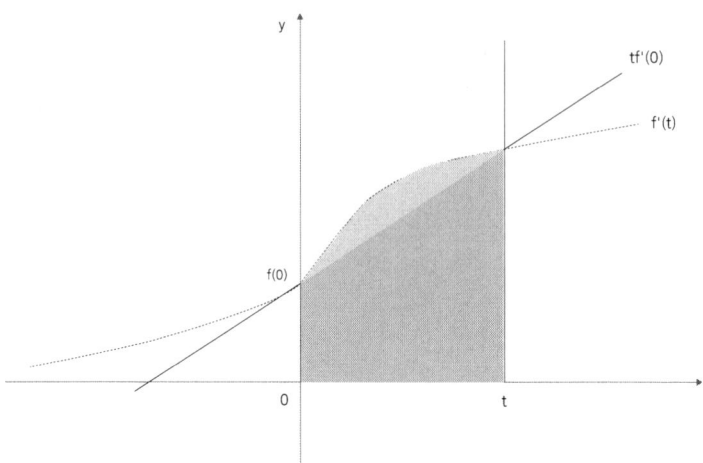

 $f(t) = f(0) + tf'(0)$ 테일러 1차 미분계수에 의한 면적 근사값

 $f(t) = f(0) + \int_0^t f'(t)\,dt$ 정적분에 의한 정확한 면적값

정적분

정적분을 통한 보정은 순차로 진행해야 합니다.

방법은? 점화식과 유사하죠.

차분 방정식의 이동 거리→ 속도→가속도 관계를 이용하면 됩니다. 먼저 정적분의 정확한 수식을 보겠습니다.

위치 $f(t)$가 2차곡선 함수면 $f(t)$값은

$0 \leq t \leq \Delta t$ 구간에서 도함수 $f'(0)t$로는 근사값에 불과

정확한 수식은 $f'(t)$를 정적분한 면적이어야 함

$\rightarrow f(t) = f(0) + \int_0^t f'(t)\,dt$ ... A식

차분 방정식에서 사용한 속도와 가속도 관계식

속도 $v(t) = v(0) + at$ 와 유사힌 방식의

일반 함수 근사값인 1차 미분 함수

$f(t) = f(0) + f'(0)t$ 를 미분한 수식

$f'(t) = f'(0) + f''(0)t$ ... $A-1$식

$A-1$식을 A식의 점화식 전개에 이용

$f(t) = f(0) + \int_0^t [f'(0) + f''(0)t]\,dt$

$= f(0) + f'(0)[t]_0^t + \dfrac{1}{2}f''(0)[t^2]_0^t$

$= f(0) + f'(0)t + \dfrac{1}{2}f''(0)t^2$

면적 값을 구하기 위해 단계를 높였습니다만, f(t)의 t 변수가 3차 이상이면 정확도를 위해 다시 미분해야겠죠.

$$f(t) = f(0) + f'(0)t + \frac{1}{2}f''(0)t^2$$

위 식을 미분한 후에

$$f'(t) = f'(0) + \frac{1}{1}f''(0)t + \frac{1}{2}f'''(0)t^2$$

$f'(t)$를 A식에 대입, 적분하면

$$f(t) = f(0) + \int_0^t [f'(0) + f''(0)t + \frac{1}{2}f'''(0)t^2]dt$$

$$= f(0) + f'(0)[t]_0^t + \frac{1}{2}f''(0)[t^2]_0^t + \frac{1}{2}\frac{1}{3}f'''(0)[t^3]_0^t$$

$$= f(0) + \frac{1}{1}f'(0)t + \frac{1}{1}\frac{1}{2}f''(0)t^2 + \frac{1}{1}\frac{1}{2}\frac{1}{3}f'''(0)[t^3]_0^t$$

미분을 반복한 후 정적분으로 차수 하나를 올립니다.

다항식의 정적분을 구하는 A 수식에 점화식을 대입하면 다음과 같은 테일러 급수를 유도할 수 있습니다.

$$f(t) = f(0) + \frac{1}{1!}f'(0)t + \frac{1}{2!}f''(0)t^2 + \frac{1}{3!}f'''(0)t^3$$

$$+ \frac{1}{4!}f''''(0)t^4 + \frac{1}{5!}f'''''(0)t^5 + \frac{1}{6!}f''''''(0)t^6 \ ...$$

$$= \sum_{n=0}^{\infty} \frac{1}{n!} f^{n\prime}(0)t^n$$

테일러 급수의 장점

한 점에서의 미분 합

 일반적으로 n차 다항식이면 한 점에서 n차 미분이 가능합니다. 한데 하나의 점에서 미분이 무한정 가능한 함수도 존재합니다. 이를테면 초월함수인 cos 함수, sin 함수, 지수 함수죠.
 이 경우 어떤 한 점 x값을 정하면? 바로 그 점에서 무한히 미분 가능한 도함수 f(x)', f(x)'', f(x)''' … 로 함수 f(x) 형태를 알 수 있습니다.
 한 점이 x=0가 되는 일반다항식의 매클로린 급수라면?
 1차 함수는 f(0)를 1번 미분하고 2차 함수는 2번 미분하겠죠.
 3차 함수는 3번 미분 … n차 함수는 n번 미분한 도함수로 함수 형태를 확정할 수 있습니다.

대체로 1차 함수는 1번의 미분으로 종속변수 2개 값이 나오면서 1차 함수를 결정합니다.

1차 함수는 이렇죠.

$$f(x) = ax + b$$
$$f(0) = b \quad f'(0) = a$$

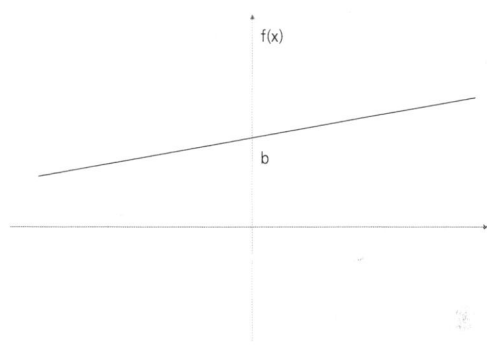

2차 함수면? f(0)에서 2번 미분하면 됩니다.

$$f(x) = ax^2 + bx + c$$
$$f(0) = c \quad f'(0) = b \quad f''(0) = 2a$$

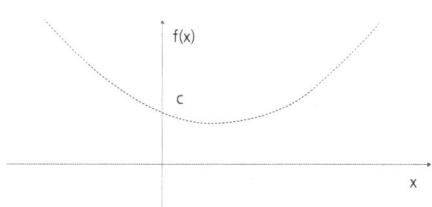

3차 함수 경우는? f(0)에서 3번의 미분이 필요합니다.

$$f(x) = ax^3 + bx^2 + cx + d$$
$$f(0) = d \quad f'(0) = c \quad f''(0) = 2b \quad f'''(0) = 6a$$

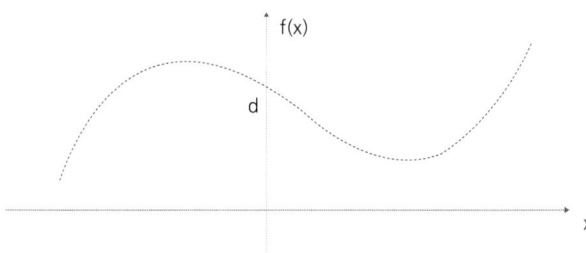

핵심은? 함수가 n차 함수일 때 한 점에서 n번의 미분으로 미지의 종속변수 정보를 알 수 있다는 사실이죠. 앞에서 뉴턴의 운동방정식을 검증하기 위해 2차 차분 방정식을 살폈습니다.

2차 차분 방정식은 차례로 과정을 밟았습니다. 경과하는 시간에 따라 한 단계씩 측정되는 독립변숫값들로 종속변수에 해당하는 위치 변화를 검증하는 경로였죠.

테일러 급수는? 하나의 점에서 계속되는 시간 미분으로 도함수의 합을 유도한 것입니다.

근사식으로 활용

테일러 급수는 f(x)의 근사식으로 쓰입니다.

상대성이론의 뼈대는? 로렌츠(로런츠)변환의 γ입니다.

x값이 |x|<<1이면 f(x)의 1차 근사식으로 놀라운 근사치를 얻을 수 있습니다. (1+x)ⁿ 형태의 근사식으로 설명하면 좋겠네요.

$$(1+x)^n = 1 + nx + \frac{n(n-1)}{2!}x^2 + \frac{n(n-1)(n-2)}{3!}x^3 + \cdots$$

$$= \sum_{n=0}^{\infty} \frac{f^{n\prime}}{n!}x^n \quad (n은\ 정수가\ 아니라도\ 성립)$$

1차 근사식 : $(1+x)^n \simeq 1 + nx \quad |x| \ll 1$

여기서 테일러 급수는 n이 꼭 정수가 아니어도 성립하죠. x값이 그 어떤 값이라도 상관없습니다. 특히 x값이 |x|<<1일 때는 1차 근사식만으로도 훌륭한 근사치를 뽑을 수 있습니다.

테일러 급수는 아인슈타인이 $E=mc^2$을 유도할 때도 중요하게 쓰였죠. 무한급수 및 이항정리 수식과도 연관이 있다는 얘깁니다.

물리현상 적용

테일러 근사식을 물리현상에 활용할 수 있을까요?
네. 감마계수로 살펴보겠습니다.
로렌츠 좌표 변환에서 γ를 계산하는 식은 다음과 같습니다.

$$감마계수(로렌츠인자): \gamma = \frac{1}{\sqrt{1-(\frac{v}{c})^2}}$$

ex) 물체의 속도 $v = 0.6c(18만 km/\sec)$인 경우

$$\gamma = \frac{1}{\sqrt{1-(\frac{v}{c})^2}} = \frac{1}{\sqrt{1-(\frac{18}{30})^2}} = \frac{1}{\sqrt{1-(0.6)^2}} = 1.25$$

γ 비율은 시간과 공간, 질량의 물리량과 연관이 있습니다. 그 때문에 특수상대성이론의 경우 운동하는 물체의 거리수축, 질량증가 같은 물리현상을 기술하는 변환계수로 쓰입니다.

물체의 정지질량 m_0

상대적 질량 $m = \gamma m_0$

공간수축 $L = \dfrac{1}{\gamma} L_0$

(정지계의 거리 L_0, 운동 관성계의 거리 L)

$\gamma = \dfrac{1}{\sqrt{1-(\dfrac{v}{c})^2}}$

특수상대성이론은?

로렌츠 변환의 감마계수가 없으면 기술할 수 없습니다.

아인슈타인은 실험이 곤란한 물리 상황을 마주하면 상상력을 동원해 사고실험을 했습니다. 그는 실행 가능성은 0에 가깝고 입증이 어려운 경우를 맞닥뜨려도 생각하고 궁리하는 자세를 포기하지 않았다고 하죠. 자신이 만든 이론 체계 범위에서 추론을 지속하는 겁니다.

특수상대성이론도 순수한 사고실험의 결과물입니다. 그러니까 γ와 운동 에너지 $(1/2)mv^2$의 관계를 머릿속 추리로 발견했다는 얘깁니다.

물리학과 수학이 만나는 연결고리를 이용, 테일러 급수의 1차 식이 탄생했던 겁니다. 이 부분을 살펴보는 게 좋겠네요.

γ에서 $(v/c)^2$=x로 치환하면 어떻게 될까요?

x=는 빛 속도와 비교하면 x<<1에 해당하죠. 테일러의 1차 근사식만으로 참값에 근접할 수 있습니다.

$(\frac{v}{c})^2 = x$로 하고 γ를 $(1+x)^n$으로 바꾸면

$$\gamma = \frac{1}{\sqrt{1-(\frac{v}{c})^2}} = \frac{1}{\sqrt{1-x}} = (1-x)^{-\frac{1}{2}}$$

γ가 $(1-x)^n$ 함수 형태로 바뀌었습니다.

$(1-x)^n$의 1차 근사식은 1-nx이므로 이 값을 적용합니다.

$$\gamma = (1-x)^{-\frac{1}{2}}$$

$$\rightarrow \gamma \simeq 1 - \frac{1}{2}(-x) = 1 + \frac{1}{2}\frac{v^2}{c^2}$$

증분에너지 비율 : $\gamma - 1 = \frac{1}{2}\frac{v^2}{c^2}$

아인슈타인은 사고실험을 통해 증분된 에너지를 질량 m인 운동 에너지와 연결 지었습니다.

$$\text{에너지 증분} = \text{운동에너지}$$

$$\frac{1}{2}E(\frac{v}{c})^2 = \frac{1}{2}m_0 v^2$$

두 수식을 1:1로 놓으면 에너지 E와 정지질량 m의 관계를 추론할 수 있습니다.

$$\frac{1}{2}E\frac{v^2}{c^2} = \frac{1}{2}m_0 v^2 \rightarrow \frac{E}{c^2} = m_0$$

$$\therefore E = m_0 c^2$$

$E=mc^2$을 왜 설명하느냐고요?

물리적 문제도 테일러 급수와 무관하지 않다는 걸 설명하기 위해서죠. $E=mc^2$이 어떻게 도출되는지 정확히 알고 싶은 분들은 <피타고라스로 푸는 상대성이론>을 참고하시기 바랍니다.

뉴턴역학의 새로운 접근

에너지는 우주의 본질을 설명할 수 있는 물리량입니다.

우주의 성질이나 모습, 온갖 사물의 형상을 구성하고
우리를 에워싼 환경과 현상을 정립하는 근본 물리량입니다.

에너지의 출현

테일러 급수가 등장하면서 미분 개념도 한 단계 나아갔죠. 이게 밑거름이 되어 해석역학도 큰 틀을 마련합니다. 해석역학이 발전하면서 물리학은 시간의 기원, 공간의 바탕에 대해 폭넓은 이해를 하게 되었습니다.

뉴턴 운동방정식의 구조는 힘을 중심으로 짜여있습니다. 제3 법칙인 작용-반작용이 그렇습니다. 작용과 반작용은 상반되는 힘이 서로 팽팽하게 대칭을 이룹니다. 하나의 원인이 다른 원인에 영향을 미치거나 어떤 대상이 다른 대상에게 힘을 행사하면 대응하는 효과나 관계가 발생한다는 거죠.

제2 법칙인 F=ma도 다르진 않습니다. 왼쪽은 공간 변수인 위치에 의한 힘을 나타내죠. 오른쪽은 위치를 시간으로 2번 미분한 방정식입니다. 위치(공간)를 2번 미분하면 힘이 되고 시간 변화와 공간 변화가 대칭을 이루는 수식으로 바뀝니다.

근대 자연과학은 힘의 탄탄한 균형에서 시작되었다고 판단할 수 있습니다. 힘이 어느 한 편으로 쏠리거나 기울지 않고 평형을 만드는 상태는 물리현상뿐 아니라 우주를 포함한 온갖 사물과 현상을 새로운 시각으로 볼 수 있게 했습니다.

힘 : 벡터 물리량

관건은? 이론에서 비롯된 수식을 실제 세계에 적용할 수 있느냐는 것이죠. 현실에서 마주치는 다양한 존재들, 종류가 많고 형태도 천차만별인 구체적 대상들, 우주를 구성하는 자연물을 수식으로 풀어낼 수 있을까요?
자연의 복잡 미묘한 현상을 2차 미분 방정식으로 해결한다?
쉽지 않습니다. 불가능합니다.
왜? 힘이라는 물리량은 극도로 짧은 순간에 모든 방향으로 작용하는 벡터니까요. 시간과 공간의 접점을 찾아서 연결하는 게 어렵다는 얘깁니다.

에너지 : 보존되는 스칼라

운동방정식에서 시작된 미분 개념은 테일러 급수와 함께 세련되었습니다. 방정식 자체는 등급이 올랐다는 얘기죠. 문제는 미분 방정식을 처리할 수 있는 기법은 업그레이드되지 못했다는 겁니다. 테일러 급수가 나오고 100년이 지나서야 미분을 제대로 풀 수 있는 해법이 등장했습니다. 라그랑주 역학과 해밀턴 역학이 탄생했던 거죠.

라그랑주 역학, 해밀턴 역학(에너지)은 물리현상을 이해하고 해석할 수 있는 인식 틀, 일반화할 수 있는 놀라운 개념을 제공했습니다. 에너지가 등장한 겁니다.

힘과 운동량은 방향과 크기를 갖습니다. 벡터 속성을 가진 물리량입니다. 에너지는? 크기만 알 수 있죠. 방향성은 지시할 수 없고 크기만 갖는 스칼라 물리량입니다.

스칼라 물리량은 보존됩니다. 크기로 드러나는 자신의 물리량을 우주 자연에 남기는 거죠. 에너지가 무엇인지 구체적이고 세밀한 규정은 뉴턴역학이 잘 할 수 있습니다. 수식으로 충분히 도출할 수 있으니까요.

총체로 드러나는 에너지

　복합적이고 포괄적인 에너지, 이것저것 뒤섞여 전체나 종합으로 나타나는 에너지는 뉴턴역학을 연구하는 물리학자들이 처리할 수 없습니다. 범위나 한계를 알 수 없는, 총체로 표현되는 에너지 보존법칙은 열역학 탐구자들이 해결했습니다.

　역학적으로 정의되는 F=ma는 일상에서 활용되는 에너지, 인공물과 자연물에 깃든 에너지를 완전히 담을 수 없습니다. 우리를 둘러싼 세상에는 여러 종류의 다양한 에너지가 존재한다는 얘깁니다. 뉴턴역학이 전담하는 역학적 에너지 외에도 전기에너지, 화학에너지, 열에너지 등 상황에 따라 무수히 많은 에너지가 있으니까요.

　열이 에너지라는 걸 검증해낸 열역학 연구자들은 서로의 작업을 공유하며 오랜 세월 동안 연구에 매진했습니다. 열이 역학적 가치가 있다고 보고 열평형, 열 현상 등을 파고들어 열에너지 분야를 개척한 거죠. 그들은 열기관의 순환 사이클을 탐구하며 자연에 존재하는 전체 에너지의 총량은 결코 줄어들거나 늘어나지 않는다는 걸 발견했습니다. 그래서 탄생한 게 열역학 제1 법칙인 에너지 보존법칙입니다.

열에너지 & 역학적 에너지

열에너지가 보존된다는 사실이 체계를 갖추고 법칙으로 정립되는 과정은 수월하지 않았습니다.

열에너지의 근원은 개별 분자의 운동 에너지입니다. 시작은 개체로 나뉘어 발생하는 에너지가 분명한데 전체 열에너지 측면에서 보면? 무수한 입자들이 충돌하면서 매크로적 에너지로 변모합니다.

개체 에너지일 때 에너지를 저장하는지 서로 부딪치거나 맞서면서 에너지가 보존되는시 정확히 파악하는 게 만만치 않은 작업이었다는 얘깁니다.

상황이 이럴 때 당장 필요한 건? 먼저 열에너지의 물리량 단위를 설정하는 일입니다. 이 문제를 해결한 사람이 영국의 과학자 제임스 주울(James Joule, 1818~1889)입니다. 그는 통로가 차단된 용기를 이용해 열의 일당량 실험을 했습니다.

일당량은 역학적 에너지 값과 열에너지 값이 같음을 나타내는 물리량이죠. 주울은 1847년에 열에너지 1cal는 역학적 에너지 4.186줄(J)과 대등하다는 실험 결과를 발표했습니다.

줄의 법칙: 열에너지 & 역학적 에너지 단위

에너지 단위 Joule:

1cal =4.18 J

1 Joule : 1 Newton의 힘으로 1m 움직였을 때 수행한 일

줄이 정립한 에너지 단위는 열에너지와 운동 에너지의 역학적 에너지 관계를 정량적으로 보여줍니다. 그는 실험을 통해 열에너지와 뉴턴역학의 역학적 에너지를 연결했습니다. 서로 다른 에너지를 이어붙인 덕분에 짐작도 할 수 없었던 물리량 수치를 계량할 수 있었죠.

양을 헤아리는 작업이 가능하면서 에너지 보존법칙도 확립됩니다. 일당량 실험으로 에너지 단위에 질서를 부여한 제임스 주울은 에너지 보존법칙을 증명한 과학자로 인정받게 되었죠.

뉴턴역학 : 에너지 보존법칙

생각해보면 좀 이상하죠. 에너지는 뉴턴역학에서 나오는 게 맞다 싶거든요. 힘은 뉴턴의 운동방정식에서 정의되었습니다. 힘을 중심으로 정리된 법칙들이 에너지 개념을 만들었으니까요.

우리의 일상을 고려하면 납득이 됩니다. 인간은 자연환경에 기대어 살아갑니다. 우리는 자연계의 많은 요소에 둘러싸여 먹고 마시며 생활을 꾸립니다.

살아있는 생물에게 영향을 미치는 조건이나 상황을 따지면? 마찰력이 있죠. 자연환경은 마찰력이 작용합니다.

마찰력이 미치는 영향 때문에 에너지가 보존된다는 걸 느끼기 힘듭니다. 감각적으로 와 닿지 않는 거죠. 어쩔 수 없이 열역학 쪽에서 먼저 에너지에 대한 일반적 범위, 넓은 영역을 설정했을 겁니다. 에너지 보존 개념도 열역학에서 제공했고요.

그다음은? 열역학 연구자들이 계속 활약하기는 어려웠을 겁니다. 시간과 공간을 분석해야 하니까요. 시간과 공간의 작용, 시공의 운동 관계를 세밀하게 파헤친 에너지는 뉴턴역학이 전담했습니다.

역학적 에너지 = 운동 에너지 + 위치(퍼텐셜)에너지*

---

* 위치 에너지는 고립계에서 위치 변수로만 정의된 에너지입니다. 위치 에너지는 뉴턴역학에서 감각적으로 이해하기 좋은 용어죠. 이 책에서는 위치 에너지를 주로 사용하겠습니다. 근데 위치 에너지란 말은 한계가 있습니다. 영역을 조금만 확장해도 적절성이 떨어지는 용어입니다. 일반적으로는 퍼텐셜(potential)에너지란 말을 많이 씁니다.

미분 해법

역학적 에너지는 어떻게 나왔을까요?

뉴턴역학의 운동방정식 F=ma가 없었다면 역학적 에너지는 발견되지 않았을 겁니다. 역학적 에너지는 F=ma를 푸는 과정에서 도출되었으니까요.

운동방정식 F=ma는 2차 미분 방정식입니다. F=ma를 푸는 것은 미분 방정식의 해를 구하는 일이죠. 관건은? 미분 방정식은 해를 얻기가 어렵다는 것.

미분 방정식 해는 어떻게 찾으면 좋을까요?

미분부터 생각해봅시다. 우선 1차 미분과 2차 미분을 나눠야겠죠. 행성의 이동 거리를 알면? 삼각 도형을 그려 시간을 쪼갭니다. 시간 변화(오미크론)를 따져서 1차 미분 속도를 계산해야겠죠. 그 속도변화에 기초해 가속도를 분석하면 2차 미분이 나옵니다.

미분 방정식을 푼다는 건? 이 과정을 역으로 되돌리는 작업입니다. 위치 x에 대한 독립변수 t함수, x(t)를 구하는 거니까요. 이런 단계를 밟지 않으면 종속변수 x(t)에 대한 일반 해를 얻기 어렵습니다.

2차 함수 변화율

F=ma에서 가속도 a가 일정한 상수인 경우는 흔치 않습니다. 2차 미분 방정식인 a가 상수면 1차 미분 방정식이 되기 때문이죠. 1차 미분 방정식이 가능하나 해도 그게 또 쉽지 않습니다. 왜? 적분은 계산 과정을 거꾸로 추적해야 하니까요.

기계나 자동차를 움직이는 과정으로 생각해봅시다.

운행을 위해 운전석에 앉아 핸들을 돌려서 이리저리 방향을 살피고 시야를 확보합니다. 앞으로 직진할 때는 몸이 알아서 감각적으로 조정할 수 있죠. 이건 적분이 아닙니다.

적분은 나아간 길을 역으로 밟는 과정입니다. 통과한 여정을 거꾸로 회전(역회전)해서 더듬어 가는 일과 같습니다. 앞으로 진행할 때 정확한 지점을 한번 놓치면? 이후 모든 역행은 어긋나 버리죠.

간혹 1차 미분은 역산이 가능할 때가 있습니다. 초기조건이 간단하기만 하면.

미분 방정식이 2차 이상이면 어떻게 풀까요?

2차 미분은? 한 지점에서 미분이 2번 일어난 값입니다.

한 지점에서 미분을 2번 했다는 건 한 지점에서 핸들을 동시에 2번 돌리는 일입니다. 정확한 위치에서 핸들을 1번 회전하는 것도 계산하기 어렵습니다. 이런 상황에서 2회나 반영된 변화율[*]을 찾아서 2중적분을 계산, $x(t)$ 함수를 구한다는 건 불가능한 작업이죠.

미분 종류

일반적으로 선형과 비선형, 제차(동차, homogeneous), 비제차(비동차, inhomogeneous)로 분류합니다.

선형 & 비선형 미분 방정식

왼쪽 항에서 미분한 종속변수 x의 차수가 1차에 국한되면 선형(linear) 미분 방정식입니다. 2차 이상 섞여 있으면 비선형(non-linear) 미분 방정식이죠.

---

[*] 이때의 미분계수는? 1차 함수인 기울기가 아니라 2차 함수인 변화율이 됩니다.

미분 방정식이 선형이면 풀기 쉽습니다.

선형(linear)은 미분 차수가 높아도 종속변수 x(t)의 차수가 1차에 제한돼 있습니다. x의 차수가 1차에 국한되면 파동의 중첩이 일어나는 것처럼 사칙연산으로 정리할 수 있죠.

1) 2차 미분방정식의 일반형

$$a\frac{d^2x}{dt^2} + b\frac{dx}{dt} + cx = d$$

2) 1차 미분방정식의 일반형

$$p\frac{dx}{dt} + qx = r$$

(a, b, c, d p, q, r은 t의 함수, or 상수에 한함)

제차 방정식과 비제차 방정식

오른쪽 항의 d와 q가 =0이면 제차 방정식이고 d와 q가 ≠0이면 비제차 미분 방정식입니다.

미분 방정식이 선형이면서 제차(동차, homogeneous)가 되면?

미분 방정식은 물리적 시스템 상태를 드러내는 것으로 이해할 수 있습니다. 이때 선형이면서 제차 방정식이면 오른쪽 항이 0으로 수렴합니다.

즉 외부에서 입력된 시간적 변화가 내부 시스템의 되먹임 (feedback)에 의해 안정을 찾습니다. 이런 시스템 특성을 선형 제차(선형 동차) 미분 방정식이라고 표현합니다.

비선형 비제차 미분 방정식은 시스템 상태가 불안정합니다. 비선형 비제차 미분 방정식을 푸는 건 특별한 경우를 제외하면 거의 불가능합니다.

선형 제차 미분 방정식 해법도 풀 수 있는 상황이 많지는 않습니다. 단순한 1차 미분 방정식도 적분법으로 풀이가 가능할 때는 초기조건과 경계조건 등을 명확하게 확정할 때뿐입니다.

미분 해법

미분 방정식의 일반적 해법은 3가지 정도입니다.

1) 적분법

적분법으로 풀 수 있는 경우는 1차 미분 방정식에 국한됩니다. 뉴턴 운동방정식을 적분법으로 풀죠. 이 경우는 속도를 이용, 2차 미분 방정식을 1차 미분 방정식으로 바꿉니다.

2) y=exp(λx)

오일러 지수 함수를 이용합니다.

3) y=Σanxⁿ

오일러 지수 함수를 테일러 급수 형태로 바꾼 겁니다.

1)번은 1차 미분 방정식에서도 특수한 경우에만 제한됩니다.

일반적인 해법은 오일러 지수 함수를 이용하는 2), 3)번이라고 할 수 있습니다. 수학사에서 오일러 수는 중요합니다.

이 함수의 특별한 섬은? 미분을 해노 똑같은 형태의 함수를 유지한다는 거죠. 오일러 지수 함수는 순환 함수 형태로 바꿀 수 있습니다. 삼각함수보다 더 완벽한 순환 함수가 됩니다.

이 부분은 오일러 공식을 유도할 때 상세히 언급하겠습니다.

여기서는 뉴턴 운동방정식에서 가속도가 일정한 경우, 적분법으로 푸는 방법을 보겠습니다.

$F = ma$ (2차 미분방정식) 풀 수 있는 경우

등가속운동 : 가속도 $a =$ 일정하면

$$a = \frac{d^2x}{dt^2} = \frac{dv}{dt} \text{ 이용}$$

$$F = m\frac{d^2x}{dt^2} \rightarrow F = m\frac{dv}{dt}$$

2차 미분 방정식이 1차 미분 방정식으로 바뀌었죠. 이렇게 되면 초기조건을 이용, 적분으로 종속변수 x(t)를 역산해 찾아낼 수 있습니다.

$$\frac{dv}{dt} = a \rightarrow dv = a\,dt \rightarrow \int_0^{v(t)} dv = \int_0^t a\,dt$$

$$\rightarrow v(t) - v_0 = at \quad v(t) = at + v_0$$

$$v(t) = \frac{dx}{dt} = at + v_0 \rightarrow \int_{x_0}^{x(t)} dx = \int_0^t (at + v_0)\,dt$$

$$\rightarrow [x]_{x_0}^{x(t)} = [\frac{1}{2}at^2 + v_0 t]_0^t \rightarrow x(t) - x_0 = \frac{1}{2}at^2 + v_0 t$$

$$\therefore \text{ 일반해 } x(t) = \frac{1}{2}at^2 + v_0 t + x_0$$

그럼 가속도 a가 일정하지 않으면 적분법으로 풀 방법이 없을까요?

이 난관을 해결해야 다음 단계로 나아갈 수 있을 텐데.

네. 결국 물리학자들이 나서서 문제를 극복했습니다. 라그랑주 역학과 해밀턴 역학이 나왔습니다. 덕분에 물리학의 역사는 또 한걸음 전진했고요.

라그랑주 역학과 해밀턴 역학은 뉴턴역학을 완전히 다른 관점에서 볼 수 있게 했습니다. 힘 방정식을 유도할 수 있게 했으니까요. 이 과정에서 새로운 물리량도 발견하게 되었죠. 바로 역학석 에너지입니다.

물리량, 에너지

에너지는 우주의 본질을 설명할 수 있는 물리량입니다. 우주의 성질이나 모습, 온갖 사물의 형상을 구성하고 우리를 에워싼 환경과 현상을 정립하는 근본 물리량입니다.

에너지라 하면 대체로 에너지 보존법칙을 떠올립니다.

생각해보면 상대성이론과 양자역학도 에너지와 무관하지 않습니다. 상대성이론, 양자역학도 에너지가 보전되는 보존장입니다. 4차원 시공간(time-space)의 에너지장*이 에너지가 유지되는 보존장 역할을 하고 있으니까요.

에너지는 우연히 알게 된 산물입니다. F=ma를 풀기 위해 물리학자들이 다양한 방법을 시도하던 가운데 찾게 된 개념입니다. 이제 에너지가 나온 과정을 살펴보겠습니다.

---

* 장(field)이라고 하면 일반적으로 힘의 장(중력장, 전자기장)같이 공간에서 작용하는 장을 의미합니다. 시공의 장은 좀 다릅니다. 공간 보존장에 시간까지 포함돼있으니까요. 시공장은 총에너지장의 특성을 가졌다고 봐야죠.

에너지의 발견

먼저 2차 미분 방정식의 차수를 1차 미분 방정식으로 낮춰야 합니다. 양변에 dx를 곱해 1차 함수(속도)식으로 바꾸는 거죠.

운동방정식 $F(x) = m\dfrac{d^2x}{dt^2}$ 양변에 dx 곱하고

$\dfrac{d^2x}{dt^2} = \dfrac{dv}{dt}$ 관계를 이용하면

속도 $v(t)$의 1차 선형 미분방정식이 됨

$F(x)dx = m\dfrac{dv}{dt}dx$

$\rightarrow F(x)dx = m\dfrac{dx}{dt}dv = mv\,dv$ 로 변형

왼쪽 항은 위치 에너지죠. 물체에 가해지는 힘이 위치에만 의존하므로 dx로 적분 됩니다. 오른쪽 항은 시간 변화에 따른 속도 변화를 적분, 1차 미분 방정식이 됩니다.

뉴턴 운동방정식은 함수 2개를 대칭으로 놓은 방정식입니다. 1차 미분 방정식으로 바뀌면서 왼쪽 항은 물체의 위치 변화인 dx로 짜여있죠.

오른쪽 항은 물체의 속도변화 dv로 분리되었습니다.

이 과정을 통해 새로운 물리량 개념이 나왔습니다.

왼쪽과 오른쪽에서 두 종류의 에너지로 표현된 물리량이 도출된 겁니다. 이제 서로 다른 물리적 성질을 참고해 에너지 이름을 붙여봅시다.

역학적 에너지

힘은 대상이 없으면 정의할 수 없습니다.

운동방정식은 힘 2개가 양쪽에서 작용-반작용하는 상황을 고려해서 만든 방정식입니다. 이들 힘은 크기가 같고 방향은 반대죠. 존재 방식이 작용-반작용이라는 얘깁니다.

이때 A가 B에게 미치는 힘이 작용이면 B가 A에게 행사하는 힘은 반작용이 되겠죠. 운동법칙에서는 한쪽 힘이 (+)이면 반대편 힘은 (-)로 정의합니다.

힘의 관계는 제3 운동법칙(작용-반작용)에 반영돼 있습니다.

운동 에너지와 위치 에너지도 (+)와 (-)로 힘이 맞서는 대립 관계를 만듭니다. 이 부분을 역학적 에너지 보존법칙과 관련해 정리해봅시다.

힘은 잡아당기면 인력이 되고 밀면 척력이 되죠.

이 힘은 외부에서 개입하는 힘이 없으면 팽팽한 균형을 유지하며 보존됩니다. 이럴 때 형성되는 공간이 보존장입니다. 어느 쪽 힘도 밀리지 않고 작용-반작용으로 균형을 만드는 힘이 보존력이고요.

보존력과 보존장은 외력이 없을 때 성립합니다. 왼쪽 항은 위치에만 영향을 받으니 위치 에너지(퍼텐셜 에너지)가 되죠. 위치 에너지는 오른쪽의 운동 에너지와는 작용-반작용 관계를 이룹니다.

외부 힘이 미치지 않을 때 생기는 보존상을 고립계라 부릅니다. 고립계라는 특수한 상황에서 위치 에너지와 운동 에너지는 상호작용합니다. 크기는 같고 방향은 반대인 에너지를 교환합니다. 뉴턴역학의 제3 법칙, 작용-반작용의 확장판인 셈이죠.

보존력이 작동하는 보존장

고립계는 외부 에너지나 질량이 들고날 수 없죠. 진입로가 차단된 시스템입니다. 고립계의 총에너지는 시간의 변화와 무관하겠죠.

자연계에서 보존력은 얼마나 될까요?

우리가 활동하는 공간을 에워싸는 천체와 우주에 존재하는 온갖 물체를 통해 보존되는 힘은 상당히 많습니다. 실제 자연현상의 대부분은 보존력으로 짜여있습니다.

보존력이 작동하는 공간(field)이 보존장이죠. 만유인력, 중력, 탄성력, 전기력 등도 자연계에서 경험할 수 있는 보존력입니다. 당연히 보존장을 구성하죠.

그럼 에너지가 없어지지 않고 유지된다는 걸 우리가 체감할 수 있을까요? 어떻게 생각하면 에너지가 보존되지 않는 경우가 더 많을 것 같지 않나요?

네. 일상에서는 역학적 에너지의 총합이 고르지 않습니다.

우리의 활동 공간, 생활 공간에서는 주변 공기의 부딪침이 지속적으로 발생합니다. 지면은 마찰력으로 생기는 열에너지가 가득하죠. 방해물이 많아 역학적 에너지의 총량이 일정할 수 없습니다. 천체나 원자 같은 미시세계의 입자들은 자체가 고립계인 보존장입니다. 왜? 마찰력으로 생기는 열 손실이 원천적으로 차단되니까요.

고립계의 역학적 에너지

이번에는 고립계의 역학적 에너지를 계산해봅시다.

1차 방정식 오른쪽 항은 속도 중심의 적분입니다. 이때의 물리량을 운동 에너지라 정의합니다.

$$\int_{x1}^{x2} F(x)dx = \int_{v1}^{v2} mv\,dv$$

dv 적분한 에너지를 운동에너지 E_k로 정의

$$: E_k = \int_{v1}^{v2} mv\,dv = \frac{1}{2}(mv_2^2 - mv_1^2)$$

$F_{A \to B} = -F_{B \to A}$ 작용 – 반작용에 근거

$$E_p = -\int F(x)dx \text{ 로 둠}$$

왼쪽 항의 적분 dx = 오른쪽 항의 적분 dv

위치에너지의 변화분 = 운동에너지의 변화분

$$-\int_{x1}^{x2} F(x)dx = \int_{v1}^{v2} mv\,dv$$

$-\triangle E_p = \triangle E_k \to \triangle E_p + \triangle E_k = 0$

에너지 출입이 차단된 고립계(보존장) 경우

$$\triangle E_k + \triangle E_p = 0$$

$$\rightarrow \frac{\triangle E}{\triangle t} = 0 \quad \triangle E = \triangle (E_k + E_p) = 0$$

$$\rightarrow -\triangle E_p = \triangle E_k \text{ (내부에너지 교환)}$$

$$E = \text{일정} \,(E: \text{상수})$$

역학적 에너지 보존법칙

$$E(\text{일정}) = E_k + E_p$$

$$\therefore \text{시간} \, t \text{와 무관}$$

고립계의 에너지는 외부 에너지의 출입이 없죠. 시간이 지나도 초기 총합에너지와 최종 시점의 총합에너지는 같을 수밖에요. 물체의 운동 에너지가 증가했다면 퍼텐셜(위치) 에너지는 늘어난 운동 에너지양만큼 감소합니다. 즉 위치 에너지가 운동 에너지로 전환된다고 추론할 수 있죠.

이들 에너지의 상호관계는 다음과 같습니다.

$$\triangle(E_p + E_k) = \triangle E_p + \triangle E_k = 0$$
$$\rightarrow -\triangle E_p = \triangle E_k$$

위치에너지 변화량

$$-\triangle E_p = \int_{p_1}^{p_2} F(x)\,dx = (E_{p2} - E_{p1})$$

$$\rightarrow \triangle E_p = \int_{p_2}^{p_1} F(x)\,dx = (E_{p1} - E_{p2})$$

운동에너지 변화량

$$\triangle E_k = \int_{k_1}^{k_2} ma\,dx = \int_{k_1}^{k_2} mv\,dv = E_{k2} - E_{k1}$$

$$\rightarrow E_{p2} - E_{p1} = E_{k2} - E_{k1} \, (양변의 \ 부호가 \ 역순)$$

2개 에너지의 부호를 반대로 해, 같은 번호끼리 모으면?

같은 위치에서 성립되는 역학적 에너지는 같은 값을 갖습니다. 어떤 위치에서도 역학적 에너지는 일정하다는 거죠.

위치에너지 변화 :

$$\triangle E_p = \int_{p_1}^{p_2} F(x)\,dx = (E_{p2} - E_{p1})$$

$$-\triangle E_p = (E_{p1} - E_{p2}) \ (\text{기호 순서바뀜})$$

운동에너지 변화 :

$$\triangle E_k = \int_{k_1}^{k_2} ma\,dx = \int_{k_1}^{k_2} mv\,dv = E_{k2} - E_{k1}$$

$$\therefore -\triangle E_p = \triangle E_k \ \rightarrow \ E_{p1} - E_{p2} = E_{k2} - E_{k1}$$

같은 위치에너지를 하나로 정리하면

$$E_{p1} + E_{k1} = E_{p2} + E_{k2} = 일정$$

위치에 상관없이 에너지 합은 보존됨

고립계에서 종류가 다른 에너지 2개는 한쪽 에너지가 증가하면 한쪽이 감소하고 한쪽이 감소하면 다른 한쪽이 늘어나는 방식을 따릅니다. 뉴턴의 운동방정식 F=ma에서 역학적 에너지가 일정하게 보존된다는 얘기죠.

에너지 보존

이제 용수철 진자의 역학적 에너지 관계식을 통해 에너지 보존을 확인해봅시다.

$$-\int_{x1}^{x2} kx\,dx = -[\frac{1}{2}kx^2]_{x1}^{x2} = \frac{1}{2}kx_1^2 - \frac{1}{2}kx_2^2 \quad \cdots a식$$

$$\int_{v1}^{v2} m\frac{d^2x}{dt^2}\,dx = \int_{v1}^{v2} m\frac{dv}{dt}\,dx = \int_{v1}^{v2} m\frac{dx}{dt}\,dv$$

$$= \int_{v1}^{v2} mv\,dv = [\frac{1}{2}mv^2]_{v1}^{v2} = \frac{1}{2}mv_2^2 - \frac{1}{2}mv_1^2 \quad \cdots b식$$

용수철 진자에서 용수철에 작용하는 힘을 탄성력(복원력)이라 합니다. 탄성력은 어떻게 생길까요? 힘의 기원을 따지면 탄성력도 시간과 공간에 구속됩니다.

시간과 공간의 작용 범위를 벗어날 수 없죠. 퍼텐셜 에너지를 위치 에너지로 받아들여도 된다는 얘깁니다.

a식과 b식을 다음 식에 대입

$-\triangle E_p = \triangle E_k$

$\dfrac{1}{2}kx_1^2 - \dfrac{1}{2}kx_2^2 = \dfrac{1}{2}mv_2^2 - \dfrac{1}{2}mv_1^2$

$\rightarrow \dfrac{1}{2}kx_1^2 + \dfrac{1}{2}mv_1^2 = \dfrac{1}{2}kx_2^2 + \dfrac{1}{2}mv_2^2$

역학적 에너지 보존 성립

운동량

이제 에너지 다음으로 중요한 물리량이라 할 수 있는 운동량을 보겠습니다. 운동량을 수식으로 나타내면 이렇습니다.

운동량의 정의

$p = mv$: 운동량 = 질량 × 속도

뉴턴은 <프린키피아>에서 힘을 제2 운동법칙으로 설명했죠. F=ma에 운동량 p를 결합, 힘에 대한 정의를 내렸습니다.

프린키피아에서 정의된 힘

$$: F = \frac{d(mv)}{dt} = \frac{dp}{dt}$$

m이 상수일때 $\rightarrow m\frac{dv}{dt} = ma$

운동량 보존

에너지는 후대 과학자들이 발견한 물리량이죠. 운동량은 뉴턴 운동방정식에서 언급된 물리량입니다. 재밌는 건 운동량에서도 보존법칙은 성립한다는 점입니다. 증명은? 역학적 에너지 보존법칙과 유사한 방법으로 할 수 있습니다.

차이점이라면 운동량 보존법칙은 물체 2개가 한 점에서 부딪친 다음, 두 물체의 운동에 주목합니다. 같은 지점에서 충돌 전의 상황과 충돌 이후 생기는 운동량 변화만 고려할 뿐이죠.

고립계에서 물체 m_A와 m_B가
v_A v_B 속도로 반대방향에서 충돌한 경우
충돌전 운동량 p와 충돌후 운동량 p' 비교

외부의 힘이 작용하지 않는 고립계라면
외부 힘 $F(=\dfrac{dp}{dt}) = 0$
(충돌후 물체 $m_A \to m_B$) (충돌후 물체 $m_B \to m_A$)의
작용 – 반작용법칙 $F_{AB} = -F_{BA}$ 적용

$$\frac{\triangle p_A}{\triangle t} = -\frac{\triangle p_B}{\triangle t}$$

$$\rightarrow \frac{\triangle(p_A+p_B)}{\triangle t} = \frac{\triangle p}{\triangle t} = 0$$

외력 $F=0 \rightarrow \triangle(p_A+p_B) = \triangle p = 0$

미분 수식을 두 물체의 충돌 전후 운동량 차분으로 기술하면

$\triangle(p_A+p_B) = \triangle p = 0$이 뜻하는 건?

$\triangle(p_A+p_B) = (p'_A+p'_B) - (p_A+p_B) = 0$

$p_A+p_B = p'_A+p'_B$

∴ $F=0$이면 $dp=0$이 되고

충돌 전후의 운동량이 보존됨을 의미

충돌전 운동량 $p_A = m_A v_A$ $p_B = m_B v_B$

충돌후 운동량 $p'_A = m_A v'_A$ $p'_B = m_B v'_B$

$$-m_A \frac{v'_A - v_A}{\triangle t} = m_B \frac{v'_B - v_B}{\triangle t}$$

충돌시간 Δt는 두 물체에 동일하므로

$-m_A(v'_A - v_A) = m_B(v'_B - v_B)$

충돌전과 충돌후의 운동량 동일

$m_A v_A + m_B v_B = m_A v'_A + m_B v'_B$

운동량 보존법칙은?

두 물체의 충돌 전후 상황을 따져 작용-반작용법칙으로 유도한 겁니다.

에너지 보존법칙 & 운동량 보존법칙

에너지 보존법칙에 비해 운동량 보존법칙은 물리량 범위가 제한된 법칙이죠. 에너지 보존은 물체의 부딪침이 일어나지 않아도 에너지의 총량은 보존됩니다. 만유인력, 중력 같은 보존력에 의해 (물체 위치에 변화가 생겨도) 전체 에너지 값은 일정하게 유지되는 법칙이니까요.

운동량 보존은 두 물체가 같은 위치에서 직접 부딪쳐 운동 에너지를 교환한 이후, 두 물체의 운동량을 합한 총량이 보존되는 법칙입니다. 에너지 보존과 운동량 보존을 활용하면 운동방정식을 수월하게 풀 수 있습니다.

각운동량 보존 : 시공 대칭

이제 에너지 보존과 운동량 보존을 각운동량 보존법칙으로 정리해봅시다.

뉴턴역학의 3가지 보존법칙

$\dfrac{d(물리량)}{dt} = 0$ 해당 물리량이 보존됨

(ex : 에너지, 운동량, 각운동량)

뉴턴역학의 3가지 보존법칙

$\dfrac{dE}{dt} = 0 \rightarrow$ 에너지 보존법칙 성립

$\dfrac{dp}{dt} = 0 \rightarrow$ 운동량 보존법칙 성립

$\dfrac{dL}{dt} = 0 \rightarrow$ 각운동량 보존법칙 성립

보존되는 물리량을 비교해볼까요?

  에너지의 물리량 : 힘 × 공간
  운동량의 물리량 : 힘 × 시간
  각운동량의 물리량 : 힘 × 시간 × 공간

물리량의 표현은 무척 단순하죠.
물리량이 힘 중심으로 짜여있습니다. 흥미로운 점은 각운동량 보존법칙에 시간과 공간의 대칭 관계가 반영돼 있다는 거죠.

고전역학 & 고대 그리스 철학

아페이론 vs 페라스

밀레토스 출신의 아낙시만드로스(BC 610~546)는 고대 그리스에서 활동한 자연철학자입니다. 그는 자연의 원천적인 상태, 경계가 없는 무한의 우주를 '아페이론'이라 불렀습니다.

아페이론은 페라스와 짝을 이루는 말입니다.

페라스(규정, 한정, 척도, 경계, 눈금 등)는 덩어리로 있는 어떤 대상을 구획하거나 나누기 위해 등장한 용어(수단, 개념)입니다. 아페이론은 페라스가 결여된 상태를 의미하죠.

아페이론은 개체로 구분되지 않은 상태, 시작과 끝을 파악할 수 없는 상황, 분화되지 않은 원천 우주, 원시 상태의 우주, 카오스 정도로 생각할 수 있습니다. 총체로 존재하는 일종의 원질이나 원료도 아페이론으로 볼 수 있죠.

우주 자연의 원질, 아르케

아낙시만드로스보다 앞섰던 시대에는 탈레스가 있었죠.

밀레토스 출신의 탈레스는 최초의 자연철학자로 알려져 있습니다. 자연철학자로 불린 사람들은 자연과학자이면서 철학자였습니다. 자연의 현상을 탐구하며 사유의 세계를 전개했죠. 그들은 우주 자연의 근원이 무엇인지를 파고드는 동시에 인간과 세계, 삶의 본질에 대해서도 따져 물었습니다.

탈레스는 우주 자연의 원천을 '아르케'라고 불렀습니다. 그가 말한 아르케는 우주의 원질, 우주의 시초를 의미하는 추상적 개념입니다. 탈레스는 아르케에 해당하는 구체적 물상을 '물'로 보았죠.

추상 개념인 아르케를 언급하며 구체물을 제시했던 탈레스와 달리 아낙시만드로스는 아페이론이라는 개념어만 소개했습니다. 구체물을 따로 논하지는 않았습니다.[*]

고대 그리스인들은 아페이론이라는 개념을 두려워했을 것 같죠? 어떤 규정도 가해지지 않은 우주 자연을 보며 미약한 인간은 혼돈과 무질서를 느꼈을 테니까.

---

[*] 오늘날의 관점으로 접근하면 추상 개념과 함께 물상까지 지정한 탈레스보다는 구체물을 예시하지 않은 아낙시만드로스가 사유의 폭을 확장한 철학자로 판단할 수 있죠.

물리량, 페라스

대상을 확실하게 구분하고 경계를 만드는 건 페라스의 작용입니다. 아페이론적 자연에 페라스적 활동이 더해지면 인간은 안정감을 얻습니다. 우주가 어수선한 카오스를 벗어나 질서와 조화를 갖춘 코스모스 상태가 되었다고 생각하는 거죠.

아페이론과 페라스 개념은 물리법칙에도 적용할 수 있습니다. 아페이론은 어떤 정의를 내리지 않은, 아무런 제한도 가해지지 않은 원래의 자연입니다. 생각할 수 있는 대상이 되지 못한 비(非)존재죠. 인식되지 않으니 실재한다고 보기도 어렵습니다.

칸트의 선험적 감성론에 따르면 인간은 시간과 공간을 인식하는 선험적(선천적, 본래적) 능력이 있죠. 우리는 태어날 때부터 그 어떤 매개 없이 시간과 공간을 대상으로 이해할 수 있다는 겁니다.

인간은 감각하기 어렵고 규정하기 어려운 아페이론(자연)을 시간과 공간을 판단하는 선험적 감성(페라스)으로 접근할 수 있죠. 구획하고 구분하고 경계를 지으며 가늠할 수 있는 세계로 만드는 겁니다. 이를테면 시간, 공간, 질량 같은 기본 물리량이 페라스로 작용했을 거라는 거죠.

페라스(물리량)가 없다면 자연 현상을 기술할 수 없습니다. 페라스를 적절히 활용한 덕분에 뉴턴은 운동방정식을 정립할 수 있었죠.

힘의 법칙이 나오고 운동량이 등장했습니다. 그다음은? 새로운 페라스인 에너지가 등장했죠. 에너지는 확장된 페라스, 확충된 물리량입니다.

이제 에너지를 기반으로 탄생한 역학을 살필 차례입니다.

에너지 역학

라그랑주 역학은 에너지가 보존된다는 개념으로 접근하지 않았습니다. 좌우대칭, 균형, 시간과 공간의 대칭 관점으로 다가갔죠. 에너지의 차이(T-V)로 정의한 라그랑지안은 시공의 대칭으로 표현 가능합니다.

해밀턴 역학은 에너지 보존 차원에서 운동 에너지와 위치 에너지의 시불변 관계를 분석한 방정식입니다.

라그랑주 역학

뉴턴 운동방정식은 힘이 중심인 역학입니다.

운동방정식을 풀려면? 미분 방정식부터 처리해야 합니다. 그래서 외부의 간섭(힘)이 차단된 고립계를 설정했죠. 에너지는 F-ma를 1차 미분 방징식으로 만드는 과정에서 발견한 새로운 물리량입니다.

에너지가 등장하면서 총량이 일정하게 유지된다는 '에너지 보존' 개념이 탄생했습니다. 에너지가 사라지지 않고 저장된다니? 물체 운동을 탐구하는 역학 연구자들은 경이로운 충격을 받았습니다. 에너지 개념이 정립되면서 뉴턴역학과 차별화된 역학도 나왔습니다.

라그랑주 역학, 해밀턴 역학이 출현한 거죠. 라그랑주 역학은 뉴턴이 운동방정식을 발표한 시기로부터 100여 년이 지난 시점에 탄생했습니다.

해밀턴 역학은 라그랑주 역학이 소개되고 50년 정도 지나서 나왔고요. 라그랑주와 해밀턴이 정립한 역학은 뉴턴역학과는 어떻게 다를까요?

작용 물리량

물리학 역사를 한 그루의 나무로 볼 때 뉴턴역학은 거대한 나무의 뿌리이며 뿌리와 맞닿은 밑동이라고 비유할 수 있습니다. 그럼 뉴턴역학 이후에 나온 역학들 중, 나무를 키울 수 있는 자양분을 제공한 역학적 원리로는 어떤 게 있을까요?

네. 에너지 보존과 대칭은 빠질 수 없습니다. 왜? 우리의 일상과 연관이 있는 문제를 해결하기 위해서는 에너지를 알아야 하니까요. 에너지를 제대로 이용하려면 에너지를 끌어내는 과정을 알아야겠죠.

라그랑주와 해밀턴은 에너지와 작용 개념으로 운동방정식을 유도한 사람들입니다. 라그랑주 역학에서 에너지는 '라그랑지안'이라는 물리량으로 기술합니다.

라그랑지안 $L = T$(운동 에너지) $- V$(위치 에너지)

라그랑지안(L) 정의

$L = T - V$

(T: 운동에너지, V: 위치에너지)

L은 에너지로 위치 q, 속도 q', 시간 t의 함수

$L(q, q'(t), t)$로 기술할 수 있음

물리량, 라그랑지안을 함수 형태로 표시하고 독립변수인 위치 x와 속도 x'(dx/dt), 시간 t로 나타냅니다.

변수가 무엇이 되었건 L(라그랑지안)의 본실은 에너지의 함수라는 거죠. 이 함수를 이용해 작용(Action)이라는 새로운 물리량을 정의합니다.

작용($Action$) I 정의 :

범함수 $I = \int_{t1}^{t2} L(q, q'(t), t) dt$

작용 I의 물리량은

에너지 × 시간 (힘 × 거리 × 시간)

에너지 역학 125

작용 I의 물리량은 에너지에 시간 경로를 적분한 것이죠.

물리량 에너지에 시간 t가 영향을 미칩니다.

작용 물리량은 '힘×공간×시간'입니다.

작용을 정의하는 목적은?

다양한 작용 경로 중에서 가장 짧은 거리, 에너지가 가장 적게 소모되는 경로, 라그랑지안 값이 최소인 경로를 찾아내기 위해서죠. 이걸 찾는 방법이 변분법입니다.

변분법(variation calculus)에 적용되는 원리는? 해밀턴의 최소작용 원리입니다. 변분법의 최소작용 원리를 살펴보겠습니다.

라그랑주 역학의 변분법 :

q, q' 에 의한 무수한 경로 I 중에서

최소작용 I의 경로를 찾기 위해

I에 변분 δ 라는 미소변화량을 정의

변분 δ 을 작용에 적용한 함수

$$\delta I = \int_{t1}^{t2} \delta L(q, q'(t), t) \, dt$$

최소작용 원리

범함수의 왼쪽 항에 작용 I의 변분 기호 δ를 적용하면 오른쪽 함수 L에도 δ가 적용되죠. 이렇게 짜인 작용의 변분 δI, 라그랑지안 δL은 일반 함수와 다른 점이 있습니다.

- 작용의 변분 δI는 물리량 에너지에 시간 t가 가해진 함수입니다. 그래서 작용을 '함수의 함수'라는 의미로 범함수(functional)라 합니다.

- 작용 A의 최소경로를 발견하는 데에는 피타고라스 정리를 이용합니다. 이 경우는 단순한 공간 축으로 짜여있지 않죠. 시간 축이 포함돼있습니다.

언급한 내용을 기억하면 라그랑주 역학의 변분을 직관적으로 이해할 수 있습니다.

변분법의 핵심 :

$$\delta I = \int_{t1}^{t2} \delta L(x, x'(t), t) dt = 0$$에서 에너지가 최소인

피타고라스 선소($element$)를 찾는 것

작용으로 정의된 수식 I의 범함수에는 무수히 많은 값이 가능합니다. 그렇게 생성된 값 중에 해밀턴의 최소작용 원리에 따른 경로 값이 뉴턴 운동방정식이 됩니다.

라그랑주 역학 & 뉴턴역학

라그랑주 역학과 뉴턴역학의 차이점은 이렇게 요약할 수 있습니다. 뉴턴역학은 천체의 운동(케플러 법칙)을 분석해서 운동방정식을 찾았습니다.

라그랑주 역학은? 라그랑지안(에너지)을 작용으로 확장한 범함수에서 최소작용 원리를 이용, 물리량이 최소인 운동방정식을 유도한 것이죠. 작용 I에서 나온 범함수(fucntional)로부터 라그랑주 방정식 δL를 유도하는 건 복잡하고 어렵습니다. 라그랑주 방정식을 수학적으로 접근하는 게 쉽지 않다는 얘기죠.

좀 전에 라그랑지안 방정식에 적용되는 피타고라스 선소는 공간만 고려한 함수는 아니라고 했습니다. 이제 피타고라스 정리에서 최단거리가 갖는 기하학적 구조를 따져보겠습니다.

최소거리의 기하 구조

에너지 L의 물리량 : 힘 × 공간

$$I = \int_{t1}^{t2} L(q, q'(t), t)\, dt$$

작용으로 정의된 물리량을 분석하면?
공간과 시간이 힘을 중심으로 대칭을 이루죠.
역학적 에너지 보존법칙은?
운동 에너지와 위치 에너지의 총합(T+V)입니다.
라그랑지안은?
에너지의 합(T+V)이 아니라 에너지의 차이(T-V)입니다.
여기서 살짝 문제가 생기죠. 에너지의 차이(T-V)로 정의한 라그랑지안이 와 닿지 않습니다. 라그랑주 역학은 자연현상에서 에너지가 보존된다는 개념으로 접근하지 않았습니다.

좌우대칭, 균형, 시간과 공간의 대칭 관점으로 보았습니다.
네. 라그랑지안(T-V)은 시공의 대칭으로 표현 가능합니다.
이 부분을 뉴턴역학과 비교해봅시다.

시공 대칭 & 힘 대칭

뉴턴역학으로 설명하면? 힘이 대칭을 이룬 겁니다.
작용을 정의한 라그랑주 역학으로 접근하면?
힘을 중심으로 시간과 공간이 대칭을 만드는 관계입니다.
왜 시간과 공간의 대칭이 에너지의 합(T+V)이 아닌, 에너지의 차이(T-V)가 되는 걸까요? 시간에 개입하는 허수 때문이죠. 시간에는 물리량으로 측정할 수 없는 허수가 끼어있습니다.
이건 허수가 물리량과 무관하다는 얘기가 아닙니다.
허수는 우주 자연의 기본변수인 시간과 공간에 영향을 미치는 요소입니다. 허수의 작용으로 시간과 공간은 대칭을 이루며 시간은 공간으로 바뀌고 공간은 시간으로 전환할 수 있습니다. 물리량의 부호를 바꾸거나 내부 구성 요소의 비율을 다르게 할 수도 있습니다. 허수가 내재적 변수라는 거죠.

자연과학에서 허수를 주목한 시기는 그렇게 오래되지 않았습니다. 허수는 물리량으로 포착되지 않으니 사용 가치가 없다고 여겼습니다. 고전역학, 뉴턴역학 관점으로 접근하면 그럴 수밖에요. 그야말로 상상의 수에 불과했죠.

허수에 대한 관심이 가파르게 상승한 시기는?

양자역학이 등장한 20세기 초입니다. 거시계의 물리학인 고전역학은 이론과 수식을 실수로 전개합니다. 양자역학은 미시세계를 기술하는 물리학이죠.

허수로 접근하지 않으면 미시계는 그 어떤 정보도 허락하지 않습니다. 양자역학을 탐구할 때 허수는 꼭 필요한 수리언어란 얘깁니다.

변분법의 허수

그럼 라그랑지안 변분법에서는 허수가 어떻게 작동하는지 살펴보겠습니다. 변분법은 운동방정식을 찾는다는 목적이 있었죠.

변분법은 역학적 에너지(T-V: 운동 에너지-위치 에너지)로 라그랑지안을 정의합니다. 라그랑지안은 시간으로 적분한 물리량, 작용(Action)을 규정하죠.

작용 물리량은 우리가 체감하기 힘든 물리량입니다.

물리량의 단위가 '힘×거리×시간'이니까요. 그게 왜 느끼기 어렵냐고요? '힘×거리×시간'의 물리량은 4차원 시공간 물리량과 유사합니다.

시간이 4차원에 영향을 미친다는 게 어떤 의미냐고요?

힘과 시간, 공간이 서로 보완하며 완전한 대칭 관계, 부족함 없는 균형 상태를 이룬다는 겁니다. 이쯤 되면 라그랑지안(T-V)의 구성 원리를 짐작할 수 있죠. 시간과 공간의 대칭에 기초한다는 사실.

4차원 시공간에서 역학적 에너지가 중요한 이유는? 에너지 차이가 최소(작용의 변분량 $\delta I=0$)인 지점만 찾으면 그게 곧 자연의 실제 운동 경로니까요.

라그랑주 역학은 상대성이론보다 150년가량 앞서 나온 이론입니다. 한데 시간과 공간을 대하는 관점은 상당히 유사하죠.

상대성이론의 핵심은?

'시간과 공간은 다르지 않다. 시간이 공간이고 공간이 시간이다.'로 정리할 수 있습니다. 라그랑주 역학(변분법)의 '시간과 공간은 대칭'과 맥락이 같습니다.

변분에 대해 좀 더 살펴보겠습니다.

변분 calculus of variations

차분, 미분, 변분의 차이점

차분($Difference$) Δx : 독립변수의 변화량

미분($Differential$) dx : 독립변수의 미소변화량

변분($Variation$)　δL : 함수의 미소변화량

변분을 작용 I(함수)에 적용하면

$$\delta I = \int_{t1}^{t2} \delta L(x, x'(t), t)\, dt$$

변분은 일반함수에서 변수의 변화량인 미분과 다릅니다.

변분은 함수의 함수인 범함수에서 정의되는 함수의 변화량입니다. 범함수의 변화량은 미분과 변분이 얽혀 있죠. 상당히 까다롭다는 얘기입니다.

허수가 끼어든 변분

변분이 미분과 섞이면서 복잡해졌지만 개념을 이해하면서 차근차근 살펴봅시다.

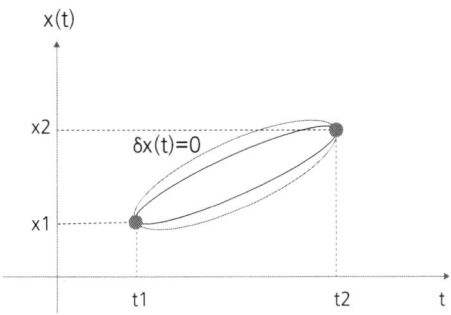

차분 $(difference)$ $\quad \Delta t = t_2 - t_1$

미분 $(differential)$ $\quad dt = \lim_{\Delta t \to 0} \Delta t$

변분 $(variation)$ $\quad \delta x$: 함수의 변화

변분법은 함수의 변화 δx를 종속변수로 하고 t_1과 t_2의 끝에서 $\delta x_1(t_1) = \delta x_2(t_2) = 0$으로 설정 이때 독립변수 t의 변분 $\delta t = 0$

고정된 두 끝점을 시간 변수, t1과 t2로 설정했습니다.

여기서 독립변수 t의 미분 dt는 존재합니다. 한데 따로 정의된 변분은 $\delta t=0$입니다. 이게 물리적으로 무엇을 의미할까요?

변분은 양자역학과 연관이 있습니다. 이 말은 허수와 무관하지 않다는 거죠. 고전물리에서는 허수를 활용하지 않았습니다.

라그랑주 역학의 변분법과 최소작용 원리는 허수가 개입한 흔적이 있죠. 변분과 최소작용 원리가 특수상대성이론과 양자역학 원리에서 발견되는 내용과 맥이 통한다는 겁니다.

'피타고라스 정리'에서는 직선의 공간거리를 최단거리로 구합니다. 라그랑주 역학의 최난거리는? 시간과 공간의 최소 선소(線素: line element)로 짜여있죠.

시간 요소는 4차원 시공간에서 작동하므로 이때의 최단거리는 에너지 합(T+V)이 아니라 에너지의 차이(T-V)가 됩니다.

직각삼각형에서 직각을 이루는 두 변의 최단거리는? 빗변이죠. 길이의 수직관계에서 끝점의 최단거리가 빗변이 되는 건 직관적으로 알 수 있습니다.

피타고라스 정리를 활용, 빗변의 선소를 최단거리로 사용합시다. a 선소와 b 선소 합의 최단거리는 c

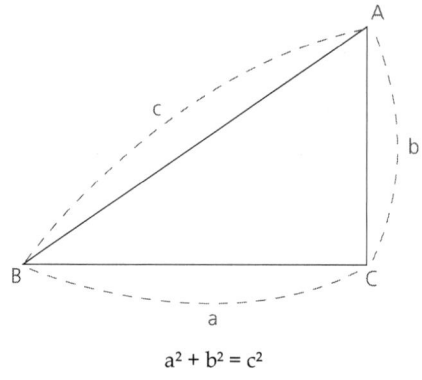

$$a^2 + b^2 = c^2$$

4차원 시공간 선소

라그랑지안이 피타고라스 정리를 이용해 유도된 최소 선소라면 에너지 합(T+V)이 되어야 할 것 같죠?

한데 라그랑지안은 역학적 에너지의 차(T-V)로 돼 있습니다.

왜 그럴까요? 단순한 공간거리의 최단거리와 에너지 물리량의 최단거리는 차이가 있다는 거죠. 내부에서 어떤 메커니즘이 작동하는 겁니다. 이를테면 이런 거죠.

라그랑지안의 최단거리를 피타고라스 정리의 최단거리에 적용하기 위해 좌표계로 설정하면? 하나는 공간 축이고 다른 하나는 시간 축으로 결합한 선소 ds입니다.

이때의 선소는 단순한 공간의 선소가 아니라 4차원 시공간의 선소죠. 4차원 시공간의 최단거리 선소는 휘어집니다. 왜?

시간에 내재된 허수 때문입니다.

4차원 시공거리

흥미로운 건 특수상대성이론에 불변량이 있다는 점이죠. 수학자 민코프스키의 제안으로 널리 알려진 '4차원의 시공거리'입니다. 4차원 시공에서 만들어지는 공간 축과 시간 축의 거리를 계산해 나왔습니다.

이 불변량은 피타고라스 정리의 빗변 c와 상응합니다. 그러니까 공간거리를 구할 때 안성맞춤인 피타고라스 정리를 이용했던 거죠. 4차원 시공간에는 시간 t에 허수(i)가 포함돼있습니다. 그 때문에 공간이 구부러집니다.

$$4차원\ 시공거리(s) : 불변량$$

$$x^2 - (ct)^2 = x'^2 - (ct')^2 = s^2$$

$$x^2 + (ict)^2 = x'^2 + (ict')^2 = s^2$$

$$\rightarrow s = \sqrt{x^2 + i^2c^2t^2} = \sqrt{x^2 - c^2t^2}$$

정리

상대성이론에서 시공간이 휘는 건 허수로 설명할 수 있습니다. 라그랑주 역학은 상대성이론과 양자역학이 나오기 전에 등장했죠.

라그랑주 역학의 변분법에는 허수에 의한 부호 변화가 반영돼 있습니다. 이를테면 명확한 설명 없이 경험적인 직관으로 라그랑지안을 정의했던 거죠.

라그앙지안은? 역학적 에너지로 정의되는 물리량이죠.

값은 L=T-V로 돼 있습니다. 변분법의 최소작용 원리를 라그랑지안 에너지에 적용해볼까요?

라그랑지안에도 4차원 시공간 거리에서 사용한 피타고라스의 최단거리를 이용합니다.

그다음은? '역학적 에너지 보존법칙'의 에너지 합(T+V)을 피타고라스 선소에 대응시키면 되겠죠.

$\sin^2\theta + \cos^2\theta = 1$

위 수식은? '직각삼각형의 피타고라스 정리'인 $c^2=b^2+a^2$ 관계식에 삼각함수를 적용해 나왔습니다.

양변을 c^2으로 나누고 삼각함수 $a/c = \cos\theta$, $b/c = \sin\theta$를 이용하면 삼각함수 항등식인 $\sin^2\theta + \cos^2\theta = 1$ 이 됩니다.

여기서 1은 단순한 1이 아닙니다. 조화진동의 1, 그러니까 그 어떤 경우에도 변치 않는 1입니다. 불변의 관계식이죠.

이 1은 디랙 델타함수, 오일러 등식, 단위행렬에도 등장합니다. 우리를 에워싼 자연계의 사물이나 현상에서 발견 가능한 법칙, 인과성, 관계성 등에서 기본이 되는 불변량입니다.

이 불변량에 물리적 숫자를 적용하면?

보존되는 물리량과 연관이 있겠죠. 이를테면 플랑크 상수, 빛의 불변속도, 에너지 불변량 E 같은 상수가 될 수 있다는 겁니다.

철학적으로 해석하면?

사유의 깊이를 제공하는 완전한 수, 궁극의 수에 해당하는 영원부동의 일자*, 존재의 본질 등으로 이해할 수 있습니다.

요컨대 삼각함수 항등식의 1은 우주 자연의 원리를 상징하는 가장 단순한 수라는 거죠.

---

* '영원부동의 일자'는 고대 그리스의 철학자 파르메니데스가 언급한 용어입니다. '영원히 존재하며 변하지 않는 하나'라는 의미입니다.

라그랑지안

피타고라스 선소 $ds^2 = dx^2 + dt^2$ 에서

$$1 = \frac{dx^2}{ds^2} + \frac{dt^2}{ds^2} \to 1 = \cos^2\theta + \sin^2\theta$$

1차원 조화진동을 하는 경우 :

$\cos\theta \propto x$
→ 위치에너지 $\frac{1}{2}kx^2 \propto x^2 \propto \cos^2\theta$

$\sin\theta \propto v$
→ 운동에너지 $\frac{1}{2}mv^2 \propto v^2 \propto \sin^2\theta$ 로 대응 가능

직각삼각형의 항등식

$1 = \cos^2\theta + \sin^2\theta$

라그랑지안(에너지)의 불변량과 상호 대응관계

$$\cos^2\theta + \sin^2\theta \propto E(\text{상수, 불변량}) \propto \frac{1}{2}mv^2 + \frac{1}{2}kx^2$$

4차원시공간(에너지)의 불변량과 상호 대응관계

$$\cos^2\theta + \sin^2\theta \propto c(\text{상수, 불변량}) \propto mc^2$$

피타고라스 최소선소와 에너지의 대응관계를 라그랑지안 에너지에 적용해보겠습니다.

속도 v를 미분 형태 $\dfrac{dx}{dt} = x'$로 기술하면

운동에너지 $T = \dfrac{1}{2}m(x')^2$, 위치에너지 $V = \dfrac{1}{2}kx^2$

$T + V = \dfrac{1}{2}m(x')^2 + \dfrac{1}{2}kx^2$

$x' \to ix'$로 대체해서

$\dfrac{1}{2}m(ix')^2 + \dfrac{1}{2}kx^2 = -\dfrac{1}{2}m(x')^2 + \dfrac{1}{2}kx^2$

역학적 에너지의 차이가 관건이므로

$T - V = \dfrac{1}{2}m(x')^2 - \dfrac{1}{2}kx^2$ 성립

라그랑주 운동방정식

이번에는 변분법으로 라그랑주 운동방정식을 유도하겠습니다. 최소작용원리를 적용할 때는 미분에 관한 체인룰과 부분적분이 동원됩니다. 과정을 살펴보겠습니다.

$$I = \int_{t1}^{t2} L \, dt = \int_{t1}^{t2} L(x, x', t) dt$$

변분법에서 $I \to \delta I$ 로 변환, $chain\ rule$ 적용

$$\delta I = \int_{t1}^{t2} \delta L(x, x', t) dt = \int_{t1}^{t2} [\frac{\partial L}{\partial x}\delta x + \frac{\partial L}{\partial x'}\delta x'] dt$$

여기에 최소작용 원리 $\delta I = 0$ 을 적용해

$$\to \int_{t1}^{t2} [\frac{\partial L}{\partial x}\delta x + \frac{\partial L}{\partial x'}\delta x'] dt = 0 \text{이 되는}$$

라그랑주 방정식을 찾아야 함

$$\to \delta I = 0$$

$$\delta I = \int_{t1}^{t2} \delta L(x, x', t) dt$$

$$= \int_{t1}^{t2} [\frac{\partial L}{\partial x}\delta x + \frac{\partial L}{\partial x'}\delta x'] dt = 0$$

$$\int_{t1}^{t2} [\frac{\partial L}{\partial x'}\delta x']dt \quad \cdots \quad A\text{식으로 분리}$$

$$\delta x' = \delta\frac{dx}{dt} = d\frac{\delta x}{dt} = \frac{d}{dt}\delta x \text{로 전환}$$

$$\frac{\partial L}{\partial x'} = f(t), \delta x = g(t)\text{로 두고 부분적분법 적용}$$

부분적분법 예시 (2함수곱의 미분)

$$\frac{d}{dt}(f(t)g(t)) = \frac{df(t)}{dt}g(t) + f(t)\frac{dg(t)}{dt}$$

양변을 적분으로 전환

$$\int_{t1}^{t2}\frac{d}{dt}(f(t)g(t))\,dt = \int_{t1}^{t2}\frac{df(t)}{dt}g(t)dt + \int_{t1}^{t2}f(t)\frac{dg(t)}{dt}dt$$

$$\rightarrow [f(t)g(t)]_{t1}^{t2} = \int_{t1}^{t2}\frac{df(t)}{dt}g(t)dt + \int_{t1}^{t2}f(t)\frac{dg(t)}{dt}dt$$

$$\rightarrow [f(t)g(t)]_{t1}^{t2} - \int_{t1}^{t2}f'(t)g(t)dt = \int_{t1}^{t2}f(t)g'(t)dt$$

부분적분법의 뒷 부분을 A식에 적용합니다.

$$\int_{t1}^{t2} f(t) \frac{dg(t)}{dt} = \int_{t1}^{t2} [\frac{\partial L}{\partial x'} \delta x'] dt = \int_{t1}^{t2} \frac{\partial L}{\partial x'} \frac{d}{dt} (\delta x) dt$$

$$= [\frac{\partial L}{\partial x'} \delta x]_{t2}^{t1} - \int_{t1}^{t2} \frac{d}{dt} (\frac{\partial L}{\partial x'}) (\delta x) dt$$

부분적분 첫 항의 적분 값은?

적분 영역 t1과 t2값 설정(134p 변분)에 의해 0이 됩니다.

$$[\frac{\partial L}{\partial x'} \delta x]_{t2}^{t1} = \frac{\partial L}{\partial x'} \delta x_2(t_1) - \frac{\partial L}{\partial x'} \delta x_1(t_2) = 0$$

$$\therefore A = \int_{t1}^{t2} [\frac{\partial L}{\partial x'} \delta x'] dt = -\int_{t1}^{t2} \frac{d}{dt} (\frac{\partial L}{\partial x'}) \delta x dt \text{로 변환}$$

위 A식 결과를 $\delta I = 0$의 원래 식에 대입, 정리하면

$$\delta I = \int_{t1}^{t2} [\frac{\partial L}{\partial x} - \frac{d}{dt} (\frac{\partial L}{\partial x'})] \delta x \, dt = 0$$

δx의 ∀(모든) 조건에 부합하려면

$$\frac{\partial L}{\partial x} - \frac{d}{dt} (\frac{\partial L}{\partial x'}) = 0 \text{이 돼야 함(라그랑주 방정식)}$$

라그랑지안의 물리량은 에너지입니다.

δx(공간)을 분리해내면 라그랑주 방정식의 물리량은 힘이 됩니다. 애초에 δI의 물리량인 '힘×공간×시간'에서 힘 관계식으로 유도한 겁니다.

그럼 δxdt로 힘의 물리량을 걸러내는 과정이 의미하는 건?

δxdx를 4차원 시공간의 장으로 이해할 수 있다는 얘기죠.

라그랑주 방정식 = 뉴턴 운동방정식

이제 라그랑수 방성식에 조화진농의 라그랑지안을 석용, 뉴턴역학의 운동방정식과 동일한 수식이 되는지 확인해봅시다.

예시) 1차원의 L(라그랑지안)

$L = T - V = \dfrac{1}{2}mx' - \dfrac{1}{2}kx^2$ 을

$\delta L(x, x', t) = \dfrac{d}{dx}(\dfrac{\partial L}{\partial x'}) - \dfrac{\partial L}{\partial x} = 0$ 에 적용

라그랑지안 L 계산

$$T = \int_0^v mv\,dv = \frac{1}{2}mv^2 = \frac{1}{2}mx'^2$$

$$(v = \frac{dx}{dt} = x')$$

$$V = \int_0^x kx\,dx = \frac{1}{2}kx^2$$

$$L = T - V = \frac{1}{2}mx'^2 - \frac{1}{2}kx^2 을$$

라그랑주 방정식 $\frac{d}{dt}(\frac{\partial L}{\partial x'}) - \frac{\partial L}{\partial x} = 0$ 에 대입

$$\frac{d}{dt}(\frac{\partial L}{\partial x'}) = \frac{d}{dt}(\frac{\frac{1}{2}\partial(mx'^2 - kx^2)}{\partial x'}) = \frac{d}{dt}(mx') = mx''$$

$$\frac{\partial L}{\partial x} = \frac{\frac{1}{2}\partial(mx'^2 - kx^2)}{\partial x} = -kx$$

$\frac{d}{dt}(\frac{\partial L}{\partial x'}) - \frac{\partial L}{\partial x} = 0$ 에 적용

$\rightarrow mx'' - (-kx) = mx'' + kx = 0$

$\rightarrow mx'' = -kx$

(뉴턴 역학의 조화진동 방정식과 동일)

변분법 핵심

라그랑주 방정식의 변분법을 정리하면 다음과 같습니다.

    라그랑주 역학의 라그랑지안 L
    $L = T(t) - V(x)$
    (T: 운동에너지, V: 위치에너지)
    역학적 에너지의 차이로 최소경로를 찾고
    역학적 에너지의 합은 에너지 보존법칙이 됨
    < 역학적 에너지 보존법칙 $E = T(t) + V(x)$ >

라그랑주 역학은 라그랑지안으로 뉴턴역학의 운동방정식을 찾아낼 수 있습니다. 변분법에서 라그랑지안에 최소작용 원리를 적용한 거죠.

작용의 물리량에서는 δx dt로 힘 물리량을 골라내는 단계가 있습니다. 추출된 힘 물리량은 에너지가 일정하면 힘의 대칭 관계가 성립합니다. 에너지가 평형을 이루면 힘의 대칭 관계에서 운동방정식을 유도해내는 거죠. 잘 모르겠다고요?

라그랑지안 t의 변분은 δt=0입니다. δt=0은? 시간의 중첩을 의미합니다. 허수와 연관이 있음을 암시하는 거죠.

δt=0에는 켤레복소수가 상쇄돼 있습니다. 허수를 품고 있다는 얘기입니다.

해밀턴 역학

라그랑주 역학이 소개되고 50년쯤 지나 해밀턴 역학(해밀토니안)이라는 새로운 역학이 등장했습니다.

라그랑주 역학은? 활용할 수 있는 물체의 운동방정식을 찾아내는 역학이죠.

해밀턴 역학은? 에너지 보존 차원에서 시간 변수를 내부에 숨기고 운동 에너지와 위치 에너지의 시불변 관계를 분석한 방정식입니다.

라그랑주 역학의 약점을 보완할 수 있죠.

에너지 보존법칙은? 고립계에서 에너지의 변화가 없으면 시간 차원도 변화가 없는 시스템입니다. $dE/dt = 0$으로 간단히 연결됩니다.

해밀턴 역학 : 해밀토니안 정의

$H = T(\text{운동에너지}) + V(\text{위치에너지})$

$H(p,q) = \dfrac{p^2}{2m}(\text{운동에너지}) + V(q)(\text{위치에너지})$

해밀토니안 : 에너지보존법칙에 기반한 역학
라그랑지안 : 자연의 운동경로를 찾는 역학

$L = T(\text{운동에너지}) - V(\text{위치에너지})$

해밀토니안 H가 일정하다는 건?

물체의 운동은 시간 흐름(dH/dt=0, H=상수)에 상관없이 안정 상태를 유지한다는 얘깁니다. 수식이 에너지가 보존되는 관계에서 탄생합니다.

운동에너지 $E_k = \displaystyle\int mvdv = \dfrac{1}{2}mv^2$

퍼텐셜에너지 $E_p = \displaystyle\int kxdx = \dfrac{1}{2}kx^2$

$E_{\text{총에너지}}(\text{일정}) = E_k + E_p = \dfrac{1}{2}mv^2 + \dfrac{1}{2}kx^2$

→ 해밀토니안 $H(\text{상수})$: (변수를 p로 대체)

$H(p,q) = \dfrac{p^2}{2m} + \dfrac{1}{2}kx^2$ (운동량 $p = mv$)

해밀토니안 H의 편미분

$$\frac{\partial H}{\partial p} = \frac{\partial}{\partial p}(\frac{p^2}{2m}) = \frac{p}{m} = v = \frac{dx}{dt} \quad (\text{속도})$$

$\rightarrow \dfrac{\partial H}{\partial p} = \dfrac{dx}{dt}$ ... 1식 성립

$$\frac{\partial H}{\partial x} = \frac{\partial}{\partial x}(\frac{1}{2}kx^2) = kx \,(\text{용수철의 탄성력})$$

$\dfrac{\partial H}{\partial x} = kx$ ... 2식 성립

탄성력은 물체의 힘 F에 대해
작용 – 반작용하는 힘 : 부호 $(-)$

운동하는 힘을 $\dfrac{dp}{dt} = F$로 두면

$$-\frac{\partial H}{\partial x} = -kx = F \quad \therefore \frac{\partial H}{\partial x} = -\frac{dp}{dt}$$

정리하면

$$\frac{\partial H}{\partial p} = \frac{dx}{dt}, \quad \frac{\partial H}{\partial x} = -\frac{dp}{dt}$$

기호를 $x \rightarrow q$로 대체하면

해밀톤 방정식 : $\dfrac{\partial H}{\partial p} = \dfrac{dq}{dt}(=v), \quad \dfrac{\partial H}{\partial q} = -\dfrac{dp}{dt}$

양자함수로 확장

유도된 수식을 보면 생소하기 짝이 없죠? 이런 식이 왜 필요할까, 싶기도 하고요.

해밀턴 방정식은 '역학적 에너지 보존'과 '시간 불변성'을 품고 있습니다. 에너지는 일정하다고 전제하는 거죠.

게다가 방정식의 변수 p와 q를 비교하면 라그랑주 역학에서 사용하는 x, x'(속도)와 1:1로 대응합니다.

해밀턴 역학은 양자역학을 탐구할 때 도움이 됩니다. 양자역학에서 에너지의 불연속을 이해할 때 해밀턴 방정식의 '에너지 보존법칙'을 고스란히 적용할 수 있습니다. 뚝뚝 끊어진 에너지의 일정 구간에 시간과 공간의 대칭을 이용, 양자함수 $\Psi(x, t)$를 풀 수 있으니까요.

'에너지 보존'이 '양자함수'로 확장되는 셈입니다.

양자함수는 라그랑주 역학과도 연관이 있습니다. 작용에서 유도된 범함수에는 시간과 공간의 관계가 작용과 반작용으로 나타납니다. 이런 생각을 하는 분이 있을 겁니다.

'라그랑주 역학과 해밀토니안을 이해하기도 쉽지 않은 마당에 양자역학까지 얘기할 필요가 있나?'

양자역학을 끌어들이는 건 양자역학이 우리가 생각하는 만큼 어렵거나 까다롭지는 않기 때문입니다. 양자함수의 기본함수는 우리가 잘 알고 있는 삼각함수입니다.

삼각함수, 양자의 기본함수

우리는 중고등학교에서 1차 함수, 2차 함수, 3차 함수를 배웠습니다. 이 함수들은 x^n형, n(자연수)제곱으로 표현됩니다. 독립변수 x의 값이 곧바로 사칙연산에 투입되죠. 이 과정을 거치는 함수를 대수적(algebraic)* 함수라 합니다.

삼각함수 계산은 x^n의 사칙연산을 따르지 않습니다. 대수 함수가 아니라는 얘기죠. 이런 함수들을 초월(transcendental)함수로 분류합니다. 초월함수에는 삼각함수, 지수 함수, 로그함수, 역삼각함수, 쌍곡선함수, 감마함수 등이 있습니다.

이름만 들어도 머리가 아프다고요? 걱정하지 않아도 됩니다. 여기서는 삼각함수만 꼼꼼히 살펴보겠습니다.

---

* 먼저 숫자를 문자로 대수(代數)해 문자로 수리를 표현합니다. 이후 방정식으로 단순하게 만들고 사칙연산을 통해 문제를 푸는 거죠. 대수학은 미분과 적분 개념이 등장하면서 좀 더 복잡하고 추상적인 해석 역학으로 발전했습니다.

삼각함수는 반지름이 회전할 때 생기는 정사영(그림자)을 이용합니다. 회전이 일어나면 빗변의 불변값이 x, y축에 정사영이 되는 함수죠.

그럼 삼각함수를 제대로 파악하면 양자역학을 이해할 수 있느냐고요? 네. 양자역학의 핵심 원리에 어느 정도는 접근할 수 있습니다.

삼각함수 : 불변량의 회전

삼각함수는 직각 좌표의 삼각형에서 나왔습니다. '삼각'이라는 말이 익숙하다 보니 삼각함수도 아주 오래전부터 사용했던 것으로 생각하는 사람이 있을 겁니다. 그럴 수 있습니다.

왜? 삼각비는 태곳적부터 활용해왔으니까요. 삼각비와 삼각함수, 헷갈릴 수는 있지만 둘은 다르죠. 직각 좌표가 등장하기 전에 인간은 삼각함수를 생각해내지 못했습니다.

데카르트가 직각 좌표를 고안하기 전까지 인류가 이용한 건? 삼각함수가 아닌 삼각비였습니다. 그러니까 삼각형의 비례관계를 응용하는 정도에 그쳤던 겁니다. 삼각비와 삼각함수 사이에는 함수라는 다른 시스템 장치가 놓여있는 것이죠.

삼각함수는? 직각삼각형의 직각을 이루는 두 변을 데카르트 직각 좌표에 일치시킨 후 빗변 길이를 불변량으로 투영합니다. 그렇게 되면 두 변의 관계에서 불변량을 중심으로 회전 메커니즘(rotation mechanism)이 작동합니다.

삼각함수의 기본함수는 sin과 cos입니다. sin함수, cos함수가 작동하려면 회전 반지름, 즉 불변량이 기준이 됩니다. sin과 cos은 회전 메커니즘을 표현하는 함수입니다.

삼각함수 핵심은? 불변량의 회전입니다.

$$\sin^2\theta + \cos^2\theta = (\frac{y}{r})^2 + (\frac{x}{r})^2$$

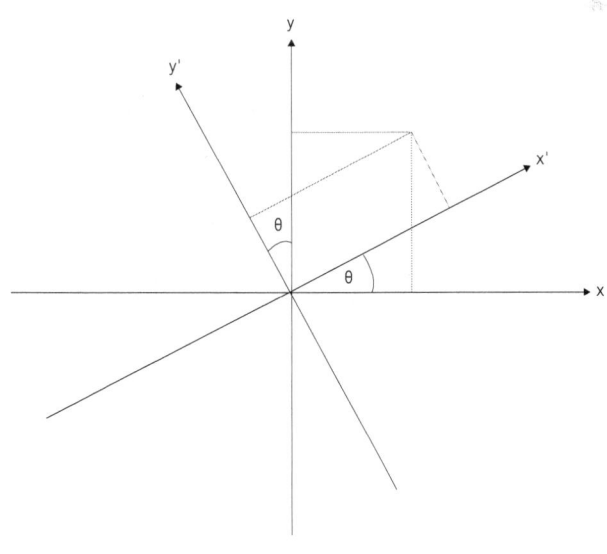

오일러 수

자연에서 일어나는 변화를 기술할 때 회전은 요긴하게 쓰입니다. 복잡한 현상의 많은 부분이 회전 메커니즘으로 접근할 수 있습니다.

하나의 점이 중심이 되고 불변량이 있을 때 회전을 동원하면 설명할 수 있는 자연현상이 많습니다. 문제는? 눈으로 포착할 수 없는 회전도 있다는 거죠.

미시세계의 운동은 점이나 축을 설정할 수 없으니 회전을 적용할 수 없죠. 이걸 해결하려면 오일러 공식(오일러 함수, 오일러 허수 함수)이 필요합니다.

오일러 공식은 허수를 포함한 삼각함수로 짜여있습니다.

실수와 허수가 대칭을 이루는 형태죠. 보이는 회전으로는 설명할 수 없는 부분을 보이지 않는 대칭으로 접근하는 겁니다. 거시세계의 인간이 파악할 수 없는 운동과 현상은 대칭 개념으로 헤아릴 수 있다는 얘기죠. 대칭은 우주의 생성과 소멸까지 포괄하는 자연의 근원, 기본원리니까요.

오일러 공식은 우리가 가늠할 수도, 상상할 수도 없는 미시세계의 존재들을 기술하는 기본함수입니다.

오일러 공식이 느닷없이 등장하지는 않았겠죠? 수식이나 법칙이 활용되기까지는 어떤 단계나 배경이 있을 수밖에 없죠. 대칭이 그냥 나온 건 아닐 테니까요.

오일러 공식 이전에 오일러 수라는 게 있습니다.

오일러 수를 모르면 오일러 함수를 이해하는 게 어렵습니다. 오일러 수는 시간과 공간의 대칭(균형)에서 도출되기 때문이죠. 양자의 본질과 연관이 있습니다.

이 부분을 오일러 수를 유도하며 살펴보겠습니다.

오일러 수

오일러 수로 지수 함수를 정의하면 성장함수나 감소함수로 사용할 수 있죠. 오일러 성장함수와 감소함수는 연속 함수입니다.
시간의 변화를 세세하게 포착할 수 있습니다.
오일러 성장함수와 허수가 결합하면 오일러 공식이 됩니다.

지수 함수의 밑수, 오일러 수

오일러 공식 : 지수가 허수인 함수

$$e^{i\theta} = \cos\theta + i\sin\theta$$

$$e : \lim_{n\to\infty}(1+\frac{1}{n})^n$$

e 값 : 2.718281828459 …

일반적인 삼각함수로는 대칭성을 완벽하게 설명할 수 없습니다. 자연의 원리에는 외관으로 드러나는 현상뿐 아니라 보이지 않는 이면의 세계도 들어있으니까요.

존재의 이면에서 일어나는 대칭을 기술하려면 오일러 수 e, 오일러 공식이 있어야 합니다.

수학자들은 오일러 수 e에서 놀라운 수리적 특성을 발견했습니다.

오일러 수 e 특징

1. e는 π와 연관된 수로, 차원이 높은 수다.
2. 밑이 e인 지수 함수를 미분하면 원래의 함수가 된다.
3. e의 지수가 허수로 표현되면 허수 항을 갖는 삼각함수가 된다.
4. 허수가 깃든 삼각함수는 존재 함수[*]다. 허수지수 함수의 절댓값은 언제나 1이 된다.

열거한 항목 중, 3번과 4번은 양자역학(양자 함수)이 오일러 공식을 기본함수 ψ(x, t)로 채택하게 된 이유입니다.

e를 정확히 이해하려면 접근 방법이 중요합니다. 베르누이가 생각해낸 '복리 이자율'로 오일러 수 e를 유도해봅시다.

---

[*] 존재가 원래 있던 자리로 언제나 돌아올 수 있게 영원 회귀를 담보하는 수

베르누이 복리 이자율 계산법

1. 단위 기간 & 불연속 이자율

먼저 기본적으로 단위 기간을 1년으로 정합니다.

이자는 1년이 경과한 후 한 번 지급하기로 하고 이자율은 100%로 하죠. 이때의 이자율은 불연속 기간이 1년인 이자율입니다. 불연속 이자율은? 1회의 단위 기간 끝에서 원금과 이자를 함께 지급하는 거죠.

만약 예금자가 1원을 예금했다면? 1회 단위 기간에 적용되는 불연속 이자율이 단위 기간의 끝에 시급됩니다. 1년 뒤에 원리금 (원금 + 이자)으로 2원을 받게 되죠.

예금 기간을 계속 늘리면?

같은 방식을 적용, 계산하면 됩니다.

2. 단위 기간을 분할 적용

베르누이는 은행이 만기의 기간을 확정하지 않았을 경우, 예금자는 원금에 대한 이자를 더 늘릴 수 있다고 판단합니다. 복리 계산법을 적용할 수 있죠.

그러니까 1년이라는 단위 기간을 분할해서 6개월, 그다음은 다시 3개월, 1개월 … 등으로 처음 1년의 단위 기간을 끊임없이 분할하는 식입니다. 처음의 단위 기간보다는 분할한 단위 기간의 끝에 받는 이자가 커지는 이점이 있죠.

a) 1년에 1회 받는 이자를 2회로 나눠 받는다고 합시다.
이자율도 반으로 나눠야죠. 100을 2로 나누면 50%죠.
이제 복리로 계산할 수 있습니다.
6개월간 이자율이 50%이니 1년 후 원리금은?
$1 \times (1+0.5)^2 = 2.25$원

b) 1년을 4번으로 나누면 기간은 3개월, 이자율은 25%죠.
3개월마다 4번 복리계산 하는 거죠.
1년 후 원리금은?
$1 \times (1+0.25)^4 = 2.4414 \ldots$ 원

c) 1년을 8회 나누면 1개월 15일이 되죠.
1개월 15일간의 이자율은 12.5%, 1년 후 원리금은?
$1 \times (1+0.125)^8 = 2.565784 \ldots$ 원

d) 1년을 매일 분할 하더라도 복리계산 할 수 있죠.

불연속 기간은? 1일이겠죠.

$$(1+\frac{1}{365})^{365} = 2.71456782 \ldots$$

e) 1년을 매시간으로 분할, 복리계산 할 수도 있겠죠.

$$(1+\frac{1}{365 \times 24})^{365 \times 24} = 2.71812669 \ldots$$

이린 방식으로 기간을 나누다 보면 복리 이사의 원리금에서 나타나는 규칙성을 이용, 일반식을 얻을 수 있습니다.

단위기간을 n으로 분할할 경우
최초 원금 1원, 단위기간 1년 이자율 100%
단위기간 끝에 받는 원리금의 일반식
$1 \times (1+\frac{1}{n})^n$
($\frac{1}{n}$에서 n은 분할회수, 1은 100% 이자율 의미)

원리금의 일반식에 극한값을 적용하면 오일러 수 e가 유도됩니다.

$$e = \lim_{n \to \infty} (1 + \frac{1}{n})^n = 2.7182818284 \ldots$$

복리 회수 n에 역수로 대응되는 $\frac{1}{n}$은

이자율 100%(1)를 n으로 나눈 이자율이 됨

극한의 결과는 무한소수로 된 상숫값으로, 오일러 수[*]라 합니다. 단위 기간을 무한으로 분할하여 무한복리 이자율을 적용하면? 값이 끝도 없이 커질 것 같지만 커지지 않습니다. 일정한 값 상수에 접근합니다.

오일러 수 활용

오일러 수는 특별한 구석이 있습니다. 이 수로 지수 함수를 정의하면 성장함수나 감소함수로 사용할 수 있죠.

이를테면 이런 겁니다. 오일러 수 e를 지수 함수의 밑으로 사용할 때 e^0는 1이 됩니다. 이 1은 원금에 해당하죠.

---

[*] 자연 상수, 네이피어 수, 오일러 수라고도 하는데 여기서는 오일러 공식을 강조하기 위해서 오일러 수로 부르겠습니다.

이 값이 성장함수에서는 기준 연도의 값이 됩니다.

여기서 t= 0이면 기준 연도의 원금은 0이 아닌 1이 되죠.

이 부분이 무척 중요합니다.

여기서 e^0는 시작하는 원금이죠. e^1은 단위 기간 1년이 경과 한 후의 100% 이자율로 계산한 원리금이 됩니다. 이 값은 처음 원금에 비해 1.718 …로 늘어난(growth 증가한) 값입니다. 이런 구조 덕분에 오일러 수 e는 성장함수 및 감소함수로 활용되는 거겠죠.

오일러 지수 함수를 이용한 성장함수를 살펴보겠습니다.

오일러 성장함수

e 성장 함수의 특별함

$f(t) = e^t$ (t기간에 일어난 총성장률)

기준 연도 최초의 값 $t_0 (t=0)$ $e^0 = 1$

e가 지수의 밑인 성장함수는

연속성장함수가 된다.

복리 이자율 계산 시, 단위 기간 1년의 100% 이자율은?
불연속 이자율에서 시작했습니다.
오일러 수 e를 지수의 밑으로 사용하고 성장함수를 정의하면?
　e 값은 단위 기간을 균일하게 무한분할 해 나온 값이죠. 단위 기간 동안 생성되는 이자율 100%는 분할한 여러 개 개별 이자율의 총합입니다.

여기서 각각의 개별 이자율은 차분 개념에서 미분으로 연결됩니다. 이 과정을 단번에 이해하기는 어렵습니다. 설명이 좀 더 필요하겠죠.

단위기간 1년인 경우의 성장률

성장함수를 $f(t)$라 하면

$$\text{연성장률} = \frac{1년 후의 값 - 기준연도 값}{기준년도 값}$$

$$= \frac{f(t+1) - f(t)}{f(t)} \times \frac{1}{1(\text{단위기간})}$$

짧은 기간의 순간성장률 정의:

$$\frac{\text{짧은기간 값} - \text{기준연도값}}{\text{기준연도 값}} \times \frac{1}{\text{경과시간}(\Delta t)}$$

$$= \frac{\text{짧은기간 값} - \text{기준연도값}}{\text{경과시간}(\Delta t)} \times \frac{1}{\text{기준연도 값}}$$

$$= \frac{f(t + \Delta t) - f(t)}{\Delta t} \times \frac{1}{f(t)}$$

짧은 순간성장률

짧은 순간성장률이 뭘 의미하는지 좀 애매하죠?

단위 기간의 복리 이자율 100%를 기간을 짧게 잡아 여러 번 나누는 상황을 떠올리면 됩니다.

단위 기간의 짧은 순간성장률에 극한값을 적용, 계산해보죠.

순간성장률 :

$$\lim_{\Delta t \to 0} \frac{f(t+\Delta t)-f(t)}{\Delta t} \times \frac{1}{f(t)} = \frac{f'(t)}{f(t)}$$

순간성장률 $1(100\%)$이면 $\dfrac{f'(t)}{f(t)} = 1$

$\therefore \ f(t) = f'(t)$

순간성장률 1의 의미는?

아주 짧은 시간에 일어나는(순간적인 단위 기간에 성장하는) 성장 비율도 단위 기간 1년의 성장률과 같이 100%가 된다는 겁니다. 이런 경우는 성장함수 f'(t)를 미분한 것이 원래의 함수 f(t)와 같을 때죠. 이 부분은 오일러 지수 함수가 아니면 접근할 수 없는 특별함입니다.

미분의 도함수로 과정을 증명하는 게 좋겠습니다.

$$f(x) = e^x \quad \cdots A$$

$$f'(x) = \lim_{h \to 0} \frac{f(x+h) - f(x)}{h}$$

$$= \lim_{h \to 0} \frac{e^{x+h} - e^x}{h} = e^x \lim_{h \to 0} \frac{(e^h - 1)}{h} \quad \cdots B식$$

A와 B가 동일하게 되려면?

$$\lim_{h \to 0} \frac{(e^h - 1)}{h} = 1$$

위 수식은 오일러 수의 정의를 이용하면 쉽게 증명됩니다.

e^h에 e의 정의를 이용

$e = \lim_{h \to 0} (1+h)^{\frac{1}{h}}$ 식을 대입하면

$$\frac{e^h - 1}{h} = \frac{[\lim_{h \to 0}(1+h)^{\frac{1}{h}}]^h - 1}{h}$$

$$= \lim_{h \to 0} \frac{(1+h)^{\frac{h}{h}} - 1}{h} = \lim_{h \to 0} \frac{1 + h - 1}{h} = 1$$

$$\therefore (e^x)' = e^x \quad \to \quad f'(x) = f(x) \text{ 성립}$$

e의 지수 함수 f(t)=eᵗ를 성장함수로 활용하면 순간성장률도 1이 됩니다. 그럼 e를 사용한 성장함수는 순간성장률이 1(100%)로 고정되는 걸까요?

그렇지는 않습니다. 성장계수를 사용하면 다양하게 사용할 수 있죠. 0.2(20%)인 성장함수라면?

$$f(x) = e^x \rightarrow f(x) = e^{rx}$$

왼쪽은 순간성장률이 100%인 성장함수, 오른쪽은 순간성장률이 r인 성장함수입니다. 성장률이 20%면 e의 성장계수도 0.2로 바꿔야겠죠. 성장률은 이자율과 대응하며 맞춰가야 합니다. 이제 오일러 수를 성장함수로 활용해봅시다.

성장함수 유도

$e = \lim\limits_{n \to \infty} (1 + \dfrac{1}{n})^n$ 의 기본형을 유지하면서

불연속이자율 100%를 20%로 대체

$\lim\limits_{n \to \infty} (1 + \dfrac{0.2}{n})^{\frac{n}{0.2} \times 0.2}$

$m = \dfrac{n}{0.2}$ 으로 두면 $n \to \infty$ 일때도 $m \to \infty$

$$\lim_{n \to \infty}(1+\frac{0.2}{n})^{\frac{n}{0.2} \times 0.2} = \lim_{m \to \infty}(1+\frac{1}{m})^{m \times 0.2}$$

e 정의식에 따라 0.2를 밖으로 꺼낼수 있음

$$\lim_{m \to \infty}(1+\frac{1}{m})^{m \times 0.2} = e^{0.2}$$

0.2를 일반 성장계수 r로 바꿔봅시다.

연속성장률이 20%일때 오일러 수 e

성장계수 0.2 : $e \to e^{0.2} = \lim_{n \to \infty}(1+\frac{1}{n})^{n \times 0.2}$

성장계수 r : $e \to e^r = \lim_{n \to \infty}(1+\frac{1}{n})^{n \times r}$

→ 일반적인 성장함수 : e^{rt}

성장계수가 r인 성장함수가 나왔습니다. 오일러 수 e를 밑수로 하는 성장함수에서 성장계수 r을 정리해보죠.

성장계수 r

e^{rt}의 성장계수 r 정리

1. 성장계수 1인 e^t의 t기간 후 성장률

1회, 2회, 3회, 4회 ... t회
e e^2 e^3 e^4 ... e^t

2. 성장계수 0.2인 e^{rt}의 t기간 후 성장률

1회,   2회,   3회,   4회   ... t회

$e^{0.2\times 1}$ $e^{0.2\times 2}$ $e^{0.2\times 3}$ $e^{0.2\times 4}$ ... $e^{0.2\times t}$

3. 성장계수 r인 $e^{r\times t}$의 t기간 후 성장률

1회,   2회,   3회,   4회   ... t회

$e^{r\times 1}$ $e^{r\times 2}$ $e^{r\times 3}$ $e^{r\times 4}$ ... $e^{r\times t}$

오일러 수 e를 지수 함수로 사용하는 성장함수와 일반적인 성장함수는 뭐가 다를까요? 차이점을 살펴보겠습니다.

오일러 성장함수 & 일반 성장함수

일반적으로 사용하는 성장함수

$(1+a)^n$ (a: 불연속 성장률, n: 경과 연도)

경제성장이 기준 연도에 비해 매년 10%로 증가하는 경우

기준연도 총생산 G_0

1년 후 총생산 $G_1 = G_0 \times (1+0.1)^1$

2년 후 총생산 $G_2 = G_0 \times 1.1^2$

3년 후 총생산 $G_3 = G_0 \times 1.1^3$

4년 후 총생산 $G_4 = G_0 \times 1.1^4$
...
...

t년 후 총생산 $G_t = G_0 \times 1.1^t$

기준 연도의 총생산이 매해 100% 성장해 1년이 지날 때마다 2배씩 늘어나는 경우, 국내 총생산액은 2, 4, 8, 16, 32, 64 … 로 증가할 겁니다.

기준연도 총생산 G_0

1년 후 총생산 $G_1 = G_0 \times (1+1)^1 = 2^1$

2년 후 총생산 $G_2 = G_0 \times 2^2 = 4$

3년 후 총생산 $G_3 = G_0 \times 2^3 = 8$

4년 후 총생산 $G_4 = G_0 \times 2^4 = 16$

...

t년 후 총생산 $G_t = G_0 \times 2^t$

기준 연도에 비해 매해 100% 성장하면 성장함수는 2^n이 되어 컴퓨터에서 사용하는 bit와 같은 구조가 되죠. 한데 한 가지 문제가 감지됩니다.

이들 성장률은 매 기간 끝부분의 성장률은 계산할 수 있습니다. 중간 시점의 성장률에 대해서는 명확히 밝히기 어렵겠죠. 이를테면 일관성 있는 성장함수가 아니라는 겁니다.

살펴본 성장률은 1년 후, 2년 후, 3년 후 ... 처럼 단위 기간이 끝날 즈음에만 계산을 정확히 할 수 있습니다. 1.5년, 2.7년, 4.83년 같이 아직 끝나지 않은 기간에 대해서는 추론하기 어렵습니다.

이 부분은 베르누이가 오일러 수를 발견하게 된 과정을 떠올리면 이해할 수 있습니다. 베르누이는 100% 불연속 복리 이자율에서 비롯되는 구조의 허술함을 메우기 위해 기간을 최대한 조밀하게 한 다음 오일러 수 e를 찾았습니다. 요컨대 밑수가 e가 아니면 전체 기간을 반영하는 성장함수가 아니라는 얘기죠.

일관성을 갖춘 성장함수

짧게 분할 한 여러 개의 단위 기간에서 어느 한순간도 끊어지는 일 없이, 이를테면 내 순간 일관성 있는 연속적인 성장함수가 되려면?

순간성장률이 매 끝점의 불연속성장률과 같은 성장함수가 아니라 매 순간 성장을 반영할 수 있는 지수 함수가 필요합니다.

오일러 수 e를 밑(base)으로 하는 오일러 지수 함수는 단위 기간 끝에 100% 성장하는 값 e=2.718 ... 을 사용, 단위 기간을 무한 분할해 매 순간 성장률이 균일한 성장함수입니다.

놀라운 사실은 오일러 수 e의 특별함은 이게 다가 아니라는 거죠. e의 지수가 허수와 결합하면 우주 자연의 완벽한 대칭, 조화로운 균형을 나타낼 수 있습니다.

연속성장함수

오일러 성장함수에 성장계수 r을 이용하면?
전체 단위 기간 구간을 임의적인 연속성장함수로 활용할 수 있습니다.

연속 성장함수 $f(t) = e^{rt}$	순간성장률 (f'(t)/f(t))=r 성장계수 r =순간성장률	단위 기간 총성장률	순수성장률 (net 성장률)
r=1 (100%)	1	2.718....	1.718
r=0.693(100%)	0.693	2	1
r=0.5(50%)	0.5	1.648...	0.648
r=0.3(30%)	0.3	1.35...	0.35
r=0.1((10%)	0.0953..	1.1	0.1
r=0.07(7%)	0.07	1.0725...	0.0725

대체로 순수 성장률이 순간성장률 계수 r보다는 큽니다. r이 1이면 순수 성장률은 1.71828...

r이 0.693이면 순수 성장률은 1, r이 0.5라면 순수 성장률은 0.648, ... 점차 같은 값으로 접근하죠.

성장계수 r이 점점 작아져 0.1 이하로 떨어지면 순수 성장률은 순간성장률과 거의 비슷한 값으로 수렴합니다.

성장계수 r	성장함수 $f(t) = e^{rt}$ 총성장률(gross : 원래 자신을 포함한 값)	순수성장률(net) (총성장률 -1)
1	2.718....	(171.8%)
0.693	2	(100%)
0.5	1.648	(64.8%)
0.1	1.0953	(9.53%)
0.07	1.0725	(7.25%)

성장함수의 성장계수가 10% 미만이면 연속성장함수인 오일러 성장함수를 사용해 t 기간의 순수 성장률을 계산할 수 있습니다.

1) 인구증가율 평균이 연 2%면

8년 후 기준연도 대비 인구증가율?

$e^{rt} = e^{0.02 \times 8} - 1 = e^{0.16} - 1 \approx 0.17351 = 17.35\%$

2) 경제성장율이 연 3.5%면

0.7년후 기준연도 대비 순수 성장률?

$e^{0.035 \times 0.7} - 1 = e^{0.0245} - 1 \approx 0.0248 = 2.48\%$

밑이 다른 지수를 사용하는 함수는 역함수인 로그함수를 이용, 오일러 성장함수로 전환할 수 있습니다.

3) 매년 성장률이 100%(총성장률 200%)라면

$e^{rt} = (1+1)^t = 2^t$

$\log_e e^{rt} = \log_e 2^t \rightarrow rt \log_e e = t \log_e 2$

$rt = t \times 0.693... \quad r \approx 0.693$

오일러 성장함수로 전환 $2^t = e^{0.693t}$

성장계수 r을 함수로 전환 :

성장함수 $x(t) = e^{rt}$ 양변에 로그역함수 $\ln$ 적용

$\log_e x(t) = \log_e e^{rt} \rightarrow \log_e x(t) = rt$

r과 t 관계에서 t를 상수로 r을 변수로
간주하면 r을 x의 함수로 전환가능

$r(x) = \log_e x = \ln x$

위 r(x) 함수 ln x는 반비례 곡선의 x축 1에서 x 구간까지 적분한 값과 같습니다.

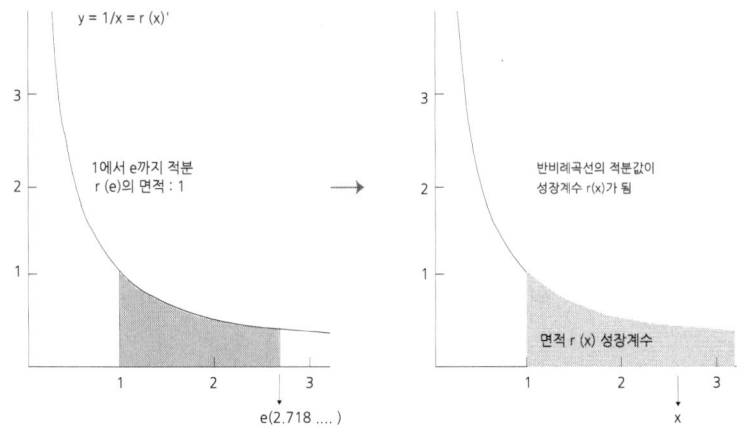

$$r'(x) = (\ln x)' = \frac{1}{x}$$

$\dfrac{1}{x}$ 구간을 1에서 x까지의 적분한 값으로 전환

$$r(x) = \int_1^x r'(x)dx = \int_1^x \frac{1}{x}dx = [\ln x]_1^x$$

$$= \ln x - \ln 1 = \ln x - 0 = \ln x$$

$$\therefore r(x) = \ln x$$

$ex)\, r(1) = \ln 1 = 0,\ r(e) = \ln e = 1$

x값에 따른 $r(x)$ 값

총성장률이 110% (순수성장률 10%)

$$r(1.1) = \int_1^{1.1} \frac{1}{x} dx = [\ln x]_1^{1.1} = \ln 1.1 = 0.0953 \ldots$$

총성장률 200% (순수성장률 100%)

$$r(2) = \int_1^2 \frac{1}{x} dx = [\ln x]_1^2 = \ln 2 = 0.693$$

x에 e 대입 (총성장 271.8..%)

$$r(2.71828..) = \int_1^e \frac{1}{x} dx = [\ln x]_1^e = \ln e = 1$$

($\frac{1}{x}$ 반비례곡선의 1에서 e까지 적분한 면적)

음수가 감소함소로

흥미로운 건 오일러 성장함수의 음수 부호(-)는 함수 값이 음수가 되지 않고 처음 함수와 대칭을 이룬다는 거죠.

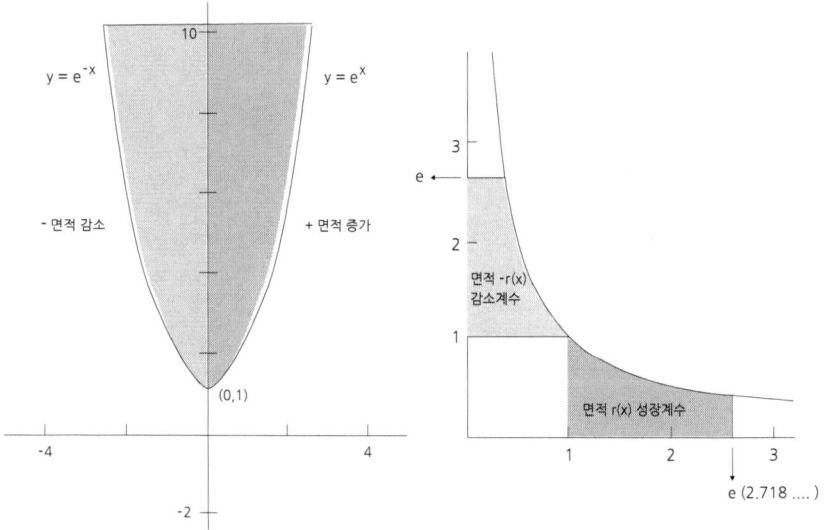

지수 함수에서 x=0을 중심으로 대칭을 이루며 감소함수로 바뀝니다. 이를테면 이런 거죠. $e^0=1$을 중심으로 음수(-) 영역에서는 1보다 작은 성장계수, 양수(+) 영역에서는 1보다 큰 성장계수가 됩니다. 즉 $e^0=1$을 중심으로 조화로운 균형을 만듭니다.

감소함수도 쓰일 곳이 있습니다.

방사성 동위원소의 붕괴함수가 좋은 예입니다. 붕괴함수는 붕괴상수 λ에 음수를 붙여 방사성동위원소값을 정밀하게 산출할 수 있습니다. 계산을 통해 확인해봅시다.

붕괴상수(decay constant) λ 계산

성장함수 e^{rt} ⇔ 감소함수 $e^{-rt} \to e^{-\lambda t}$

반감기 공식 유도 :

붕괴함수 $N(t) = N_0 e^{-\lambda t}$ (λ : 붕괴상수)

(N_0 : $t=0$의 초기값)

N_0의 $\dfrac{1}{2}$이 되는데 걸리는 시간 T(반감기)

$\to \dfrac{N_0}{2} = N_0 e^{-\lambda T} \to \dfrac{1}{2} = e^{-\lambda T}$

양쪽에 로그값 취하면

지수의 음수(-)는 역수로 바뀜

$\rightarrow \ln\dfrac{1}{2} = \ln 2^{-1} = -\ln 2$

$\ln\dfrac{1}{2} = \ln e^{-\lambda T} \rightarrow -\ln 2 = -\ln e^{\lambda T}$

$\ln 2 = \ln e^{\lambda T} \rightarrow \ln 2 = \lambda T$

$T = \dfrac{\ln 2}{\lambda} = \dfrac{0.693}{\lambda}$

$\therefore T = \dfrac{0.693}{\lambda} \Leftrightarrow \lambda = \dfrac{0.693}{T}$

방사성 동위원소의 반감기와 붕괴상수

방사성동위원소	반감기 T	붕괴상수 λ
탄소 C-14	5730년	0.0001209
탄소 Cs-137	30.17년	0.02297
Co-60	5.27년	0.1315
Ra-226	1600년	0.000433
Pu-239	2.41만 년	0.0000288

반감기로 탄소 $C-14$의 붕괴상수계산

$$\lambda = \frac{0.693}{T} = \frac{0.693}{5730} ≒ 1.209 \times 10^{-4}$$

탄소 C-14 동위원소로 연대측정

역으로 붕괴상수를 알면 연대를 추정할 수 있습니다. 고분에서 발견한 유물에서 탄소동위원소의 잔량이 30% 측정되었다면?

$$N(t) = N_0 e^{-\lambda t} \ (N_0 : t = 0 \text{일 때 양})$$

$$\rightarrow 0.3 N_0 = N_0 e^{-0.0001209 t}$$

양쪽에 로그값

$$\ln 0.3 = \ln e^{-0.0001209 t} \rightarrow -1.20397 = -\ln e^{0.0001209 t}$$

$$1.20397 = 0.0001209 t$$

$$t = \frac{1.20397}{0.0001209} \simeq 9958.3954\text{년}$$

오일러 성장함수와 감소함수는 연속 함수로 시간의 변화를 세세하게 포착할 수 있습니다. $f'(t)/f(t)=1$은 성장함수의 강점을 확인할 수 있는 관계식입니다.

전체 t 구간에서 지속적으로 성장하거나 감소하는 함수로 작동하는 거죠. 단위 성장률이 100%보다 작다면? 성장계수 r로 조정할 수 있습니다.

오일러 성장함수와 허수가 결합하면 오일러 공식이 됩니다.

오일러 공식

오일러 공식을 미분하면 성장계수(i)가 바깥으로 나옵니다.

복소평면에서 허수를 4번 미분하면 2π 입니다. 원래 있던 자리로 복귀하는 거죠. 이 과정을 통해 알 수 있는 건?

허수는 복소평면에서 직각(90°)으로 즉 $\pi/2$ 회전한다는 섯, 복소평면의 회전함수는 오일러 공식이라는 사실이죠.

오일러 공식

$$e^{i\theta} = \cos x + i \sin x$$

지수 함수와 삼각함수, 둘은 연관이 있을까요?

지수 함수는 연속적으로 성장하거나 감소하는 함수죠. 삼각함수는 반복적으로 진동하는 함수입니다. 상식적으로 생각해보면 직접적인 연계성은 없다고 봐야죠.

신기한 건 오일러 지수 함수의 지수 부분에 허수가 쓰이면 삼각함수로 변한다는 겁니다. 이걸 발견하고 증명한 사람이 스위스의 수학자 오일러였습니다. 그는 테일러 급수 전개를 통해 식을 유도했습니다.

테일러 급수

$$e^x = \sum_{n=0}^{\infty} \frac{1}{n!} x^n$$

$$= 1 + \frac{1}{1!}x + \frac{1}{2!}x^2 + \frac{1}{3!}x^3 + \frac{1}{4!}x^4 + \frac{1}{5!}x^5 + \dots$$

e^x의 테일러급수에서 x에 허수 ix 대입하면

$$e^{ix} = 1 + \frac{1}{1!}(ix) + \frac{1}{2!}(ix)^2 + \frac{1}{3!}(ix)^3 + \frac{1}{4!}(ix)^4 + \frac{1}{5!}(ix)^5$$

$$\rightarrow e^{ix} = (1 - \frac{1}{2!}x^2 + \frac{1}{4!}x^4 - \frac{1}{6!}x^6 + \frac{1}{8!}x^8 \dots) +$$

$$i(x - \frac{1}{3!}x^3 + \frac{1}{5!}x^5 - \frac{1}{7!}x^7 + \frac{1}{9!}x^9 \dots)$$

위 수식은 $\cos x, \sin x$ 테일러급수의 합

$$\cos x = (1 - \frac{1}{2!}x^2 + \frac{1}{4!}x^4 - \frac{1}{6!}x^6 + \frac{1}{8!}x^8 \dots)$$

$$\sin x = (x - \frac{1}{3!}x^3 + \frac{1}{5!}x^5 - \frac{1}{7!}x^7 + \frac{1}{9!}x^9 \dots)$$

$$\rightarrow e^{i\theta} = \cos\theta + i\sin\theta$$

식을 보면 지수가 허수죠. 여기서 허수는 어떤 의미로 쓰였을까요? 허수는 실수와 1:1로 맞서며 대칭을 이룹니다. 허수는 물리적으로 가시화하기 어려운 수입니다. 수학자들에게도 인정받지 못했던 수죠.

허수가 자신의 위상을 찾는 데는 복소평면의 역할이 컸습니다. 복소평면[*]은 허수를 좌표축으로 나타낼 수 있으니까요. 그렇게 되기까지는 수백 년의 세월이 걸렸습니다.

허수 (i)는 제곱해서 -1이 되는 수입니다. 사물의 크기와 순서를 설명하는 데 한계가 있죠. 허수로는 현실 세계, 우리를 둘러싼 자연현상을 기술할 수 없다고 생각했던 겁니다.

미시계를 표현하는 수리언어

우주 자연은 거시세계와 미시세계로 짜여있습니다. 거시계, 즉 물질계는 대체로 드러난 모양이나 형태가 있습니다. 물질 현상을 통해 파악할 수 있는 게 많죠. 물론 눈으로 포착하기 어려운 대상이 있긴 합니다.

---

* 가우스는 n차원의 제곱근과 17각형 도형 그림 문제를 해결했죠. 그는 청년 시절, 이미 y축 좌표를 허수축으로 하는 평면을 독자적으로 고안했습니다. 복소평면을 가우스평면이라고도 합니다.

그래도 계속 지켜보면 어떤 흐름을 감지할 수는 있습니다.

미시세계는 거시세계의 자연현상과는 다른 물리체계를 가지고 있습니다. 감각할 수 있는 외형이 없거나 있어도 분간하기 어려울 정도로 작습니다. 이런 미시세계를 감각하고 측정하는 물리체계는 다른 시각으로 접근해야 합니다.

인간은 의사소통을 언어로 하죠. 외부에서 알 수 있는 몸짓이나 표정 같은 신호를 사용하기도 하지만 대부분은 언어에 의지합니다. 특히 자신의 내면과 관계된 것들은 더더욱 언어(말과 글)를 통해 표현하죠.

자연의 내부, 자연현상의 이면(내면세계)을 기술하려면 어떤 도구가 필요할까요? 아주 특별한 수리언어가 있어야 합니다. 실수와는 다른 수리체계, 시간과 공간의 변화를 표현할 수 있는 수리언어, 허수가 작동하는 오일러 공식이 필요합니다.

거시계의 허수

오일러 공식은 미시세계의 양자를 기술할 수 있는 수리언어이면서 복소평면에서 활약하는 기본함수입니다. 특이한 건 오일러 공식을 거시계에서도 만날 수 있다는 점입니다.

고전역학에서도 시간과 공간을 깊숙이 다룰 때는 허수의 속성을 발견할 수 있으니까요. 라그랑주 역학에서의 변분법을 떠올려보세요.

허수(양자)는 특수상대성이론에서도 상당한 비중을 차지합니다. 4차원 시공간이 휘어지는 형태가 그렇죠. 블랙홀에서의 정지된 시간, 특이점에서 드러나는 시간과 공간이 뒤집히는 현상, 시공의 역전에서 비롯되는 우주의 허수 시간 등은 거시세계에서 확인할 수 있는 허수(오일러 공식, 양자)의 활약상입니다.

열거한 내용은 4차원 시공간(4차원 빛시계)을 살필 때 자세히 다루겠습니다. 허수에 대한 이해를 확장할 수 있을 겁니다.

오일러 공식, 복소평면의 회전함수

이제 오일러 수 e와 허수(i)가 결합하는 과정을 살필 차례입니다. 오일러 공식과 성장함수도 비교해보고요. 오일러 공식에서 허수의 역할은 추론할 수 있습니다.

어떻게? 성장함수를 보면 알 수 있죠. 성장계수가 허수(i)인 함수가 오일러 공식이니까. 네. 허수가 바로 성장계수입니다.

오일러수 $e^1 = \lim_{n\to\infty}(1+\frac{1}{n})^{\frac{n}{1}} = e^1$ 에

$\to e^i = \lim_{n\to\infty}(1+\frac{i}{n})^{\frac{n}{i}i}$

$e^1 \to e^{rt} \to e^{i\theta}$ 대응에 따라

$e^{i\theta}$: 성장계수가 i인 성장함수

허수가 성장계수인 오일러 공식의 그래프를 좌표축으로 나타내려면? 우선 오일러 공식을 미분해서 함수의 궤적을 유추해보죠.

오일러 공식 (성장계수 i)

$f(x) = e^{ix}$ 의 4차미분

A) $(e^{ix})' = ie^{ix}$

B) $(e^{ix})'' = i^2 e^{ix} = -e^{ix}$

C) $(e^{ix})''' = i^3 e^{ix} = -ie^{ix}$

D) $(e^{ix})'''' = i^4 e^{ix} = (-1)^2 e^{ix} = e^{ix}$

4번 미분으로 자신으로 복귀하는 함수

(i는 복소평면의 90°회전을 의미)

오일러 공식을 미분하면 성장계수(i)가 바깥으로 나옵니다.

복소평면에서 허수를 4번 미분하면 2π입니다. 원래 있던 자리로 복귀하는 거죠. 이 과정을 통해 알 수 있는 건?

허수는 복소평면에서 직각(90°)으로 즉 π/2 회전한다는 것, 복소평면의 회전함수는 오일러 공식이라는 사실이죠.

이쯤에서 일반적인 회전과는 양상이 다른 복소평면 회전을 보겠습니다.

복소평면 회전

고전역학은 외형으로 포착되지 않으면 어떤 것도 기술할 수 없습니다. 물체의 물리적 성질을 따지거나 물질 사이의 관계를 탐구하거나 물리적 현상을 파악하려면 대상이 있어야 하니까요. 가시적으로 드러나지 않는 존재를 다룰 수는 없다고 믿었습니다.

우리를 에워싼 현상이나 존재는 외부로 나타나는 운동방정식으로 충분히 설명할 수 있습니다. 당연히 허수를 끌어올 이유도 없었죠. 더구나 물리현상을 허수로 계산해야 하는 상황은 발생하지도 않았습니다.

20c에 접어들면서 우주 자연은 우리가 포착하고 이해할 수 있는 물리현상만으로 짜여있는 게 아니라는 인식을 하게 되었죠. 우리가 파악할 수 없고 다가갈 수도 없는 현상이나 존재들이 있었던 겁니다.

불변량

시간과 공간의 관계에 대한 의문이 생기기 시작했죠. 설명할 수 없는 현상들도 발견됩니다. 이를테면 빛의 속도, 플랑크 상수 같은 물리량입니다. 이들은 자연의 기본법칙을 결정하는 불변량이지만 상식적으로는 이해하기 어려운 물리량입니다.

이런 불변량에 기초해 상대성이론과 양자역학이 등장했죠.

불변량은 '복소평면의 피타고라스 정리'로 설명하면 이해하기 수월합니다. 실수와 허수가 작동하는 복소평면에서 피타고라스 정리가 성립되는 거죠.

당연한 얘기지만 일반 직각삼각형을 떠올리면 곤란합니다. 복소평면의 피타고라스 정리는 '수직으로 된 피타고라스 정리'니까요.

복소평면의 피타고라스 정리

복소평면의 피타고라스 정리(수직의 피타고라스 정리)는 직각삼각형 모양이 아니죠. 수직을 이루는 2점의 켤레복소수 곱셈으로 생성됩니다.

복소평면의 피타고라스 정리는 오일러 공식이 갖는 특성이 고스란히 표현된 결과물입니다. 이때의 1은 단순한 1이 아니죠.

$$e^i e^{-i} = e^{i-i} = e^0 = 1$$

$$1 = \lim_{n \to \infty} (1 + \frac{i}{n})^{\frac{n}{i}i} \lim_{n \to -\infty} (1 + \frac{i}{n})^{\frac{n}{i}i}$$

'베르누이의 복리 이자율'을 떠올려보세요. 그 경우의 1은 단위 기간에 제시된 불연속이자율 100%를 설정한 거였죠. 불연속이자율 100%는 1년이라는 단위 기간 끝에 한 번 적용되는 이자율이었고요.

그걸 전체 단위 기간에 균일하게 적용할 수 있게 기간을 무한분할해서 만든 이자율은? 순간이자율이죠. 순간이자율로 무한복리 계산하면? 오일러 수 2.718…입니다.

오일러 수를 지수의 밑으로 하면? 매 순간 순간이자율은 100%(1)입니다. 요컨대 이 순간이자율(100% 이자율)은 연속적으로 미분 가능한 오일러 함수로 성립되었다는 얘깁니다.

결론은? 오일러 공식의 1은 그냥 1이 아니라 복소평면에서의 특성이 완벽하게 반영된 수라는 것이죠.

켤레복소수 곱셈

'수직의 피타고라스 정리'를 정확히 이해하면 '켤레복소수 곱셈'은 미루어 알 수 있습니다. 켤레복소수 곱셈과 뉴턴역학은 어떤 연관이 있을까요?

뉴턴역학은 운동법칙(작용-반작용)에서 힘의 대칭 관계를 설명했죠. 고전역학의 대칭성은? '에너지 보존 & 운동량 보존법칙'과 연관이 있습니다.

양자역학은 어떨까요? '에너지 보존 & 운동량 보존법칙'과 완전히 분리된 역학일까요? 그렇지는 않습니다. 양자역학도 고전역학의 대칭성과 무관하지 않습니다. 다만 양자역학은 고전역학과 달리 양자의 불확실성, 불확정성이 끼어든다는 거죠.

양자 내부는 시간 요소가 개입하므로 보존되는 물리량이 작용량입니다. 에너지가 명확하거나 확실치 않습니다. 에너지의 불확실성이 드러나는 거죠.

그런 물리량을 실제로 측정한다면?

측정값을 얻을 수는 있습니다만, 관측한 바로 그 순간의 값이 확률값에 불과합니다. 켤레복소수 곱셈은 허수 부호가 오일러의 지수죠. +, - 상쇄되므로 대칭성을 드러냅니다.

흥미로운 건 켤레복소수 곱셈의 대칭은 시점이 확정돼 있지 않다는 점이죠. 이를테면 작용-반작용하는 물리적 현상이 하나의 시점으로만 포착되진 않는다는 것. 미시계는 복소평면 체계를 따르고 고전물리학(거시계)은 일반 좌표계로 짜여있다는 얘깁니다.

오일러 공식에 깃든 순환 대칭을 탐색하기 전에 쉬어가는 셈 치고 오일러 지수 함수의 그래프를 살펴보겠습니다.

오일러 지수 함수 그래프

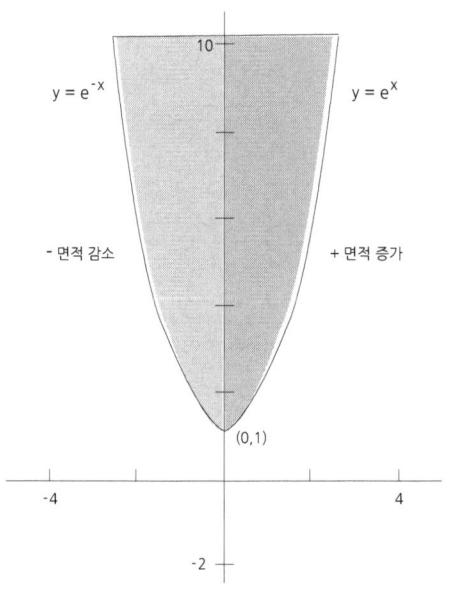

오일러 지수 함수는 허수가 등장하지 않습니다.

음수로 된 함수와 양수로 된 함수가 대칭을 이룹니다. 부호가 (+)인 함수는 증가하는 함수(exp +x), 부호가 (-)인 함수는 감소하는 함수(exp –x)입니다.

지수 값 0

두 함수는 좌표 (0, 1)에서 동일한 점이 되어 완벽한 대칭을 만듭니다. 증가함수와 감소함수에서 짝을 이루는 대칭점을 곱해볼까요?

지수 함수의 곱셈은 지수의 덧셈이 되죠. 서로 곱하면 지수 값은 항상 0이 됩니다. 곱셈의 결과는? 모두 1이 됩니다.

e^x와 e^{-x}에서 y축 $(0, 1)$에 대칭되는 점들의 곱

$$e^1 e^{-1} = e^1 \times \frac{1}{e^1} = e^{1-1} = e^0 = 1$$

$$e^7 e^{-7} = e^7 \times \frac{1}{e^7} = e^{7-7} = e^0 = 1$$

$$\cdots$$

$$e^{25} e^{-25} = e^{25} \times \frac{1}{e^{25}} = e^{25-25} = e^0 = 1$$

$$\cdots$$
$$\cdots$$

양쪽 방향 지수에 어떤 값이 있어도 증가함수와 감소함수의 곱셈은 항상 1이 됩니다.

성장계수, 붕괴상수

여기서 지수 값이 1보다 적은 수를 이용하면?
성장계수 r(x) 또는 붕괴상수 –r(x)로 응용할 수 있겠죠.
성장률이 7%, 11%, 15% … 인 성장함수면?
성장함수와 대칭을 이루는 붕괴함수의 붕괴상수는 –7%, -11%, -15% … 가 됩니다. 조금씩 폭을 넓혀가며 대칭을 이루죠. 두 함수를 서로 곱한 값은? 항상 1입니다.
r(x)=15%, -r(x)=-15%

e^{rx}와 e^{-rx}에서 $r=0.15$일 때

y축 $(0,1)$에 대칭되는 점들의 곱

$$e^{0.15 \times 1} e^{-0.15 \times 1} = e^{0.15 - 0.15} = e^0 = 1$$

$$e^{0.15 \times 7} e^{-0.15 \times 7} = e^{1.05 - 1.05} = e^0 = 1$$

…

$$e^{0.15 \times 25} e^{-0.15 \times 25} = e^{3.75 - 3.75} = e^0 = 1$$

…

관건은? r(x) 값이 뭐가 되건 음수와 양수로 대칭만 이루면 값들의 곱은 언제나 1이 된다는 것!

이걸 수식으로 정리하면?

$$e^{rt} \times e^{-rt} = e^{rt+(-)rt} = e^0 = 1$$

켤레복소수 곱셈 = 1

허수까지 확장하면 어떻게 될까요?

실수인 계수 r이 붙어있는 수식과 다르지 않습니다.

오일러 공식의 켤레복소수 곱셈은 항상 1입니다. 그 때문에 양자역학에서는 양자를 측정할 때 켤레복소수 곱셈을 이용, 나타날 수 있는 모든 값을 기댓값으로 계산하는 겁니다.

오일러 공식 & 순환 대칭

오일러 공식에 기반한 양자적 대칭은 삼각함수 항등식의 단위원이 만드는 대칭 개념과는 차원이 다릅니다.

오일러 공식에서 반지름이 1인 원은 허수와 실수가 얽혀서 생성되는 단위원입니다. 이 단위원은 2차원 평면에서 분할돼 시간 영역과 공간 영역이 완벽하게 대칭을 이루죠. (+)와 (−),를 오가며 순환합니다.

극좌표계의 동적인 좌표축이 양방향으로 회전하는 오일러 공식에 의해 복소평면의 좌표계로 구현됩니다.

불변량

오일러 공식에서 켤레복소수 곱은 대칭을 이룹니다. 복소수 절댓값 1로 자신을 드러내는 함수입니다.

순환 대칭성 함수인 셈이죠.

여기서 1은 영원히 변치 않는 반지름입니다. 허수 부호가 (+)와 (−)로 번갈아 가며 지수로 짜여있는 복소수 절댓값입니다.

이 복소수 절댓값은 언제나 1을 유지합니다. 어떻게?

켤레복소수가 (+)와 (−), 양방향으로 순환하며 대칭을 이루는 방식으로. 이때 항상 동일한 값으로 보존되는 불변량이 자연현상에서는 구체적으로 무엇을 의미할까요?

물리학사를 보면 불변량은 확고부동한 위치를 오래 유지하지 못했습니다. 어느 한 시기에는 불변량으로 인정받았다 해도 시간이 지나면 도전을 받았으니까요.

과학이 발달한 오늘날도 상황은 비슷합니다.

현대물리에서도 절대적인 물리량으로 거론되는 개념들이 있기는 합니다만, 그 어떤 것도 확신할 수 있는 건 아니죠. 물리학의 패러다임이 다시 또 어떻게 변할지 알 수 없으니까요.

다만 오랜 세월에 걸쳐 물리학자들이 시간을 관통하며 쌓아놓은 결과물 안에서 우리가 이해하고 탐구할 수 있는 불변량을 찾을 수는 있겠죠. 물리학사에서 중요한 위치를 점했던 불변량은 어떤 게 있을까요?

에너지 보존법칙, 작용(라그랑주 역학) 정도입니다.

두 불변량을 살펴보겠습니다.

에너지 보존법칙

용어만 봐도 무엇이 사라지지 않고 남는다는 '보존'은 불변량과 상통하는 점이 있습니다. 보존은 불변량과 맥락이 같죠. 열역학에서는 에너지에 대해 범위를 한정하지 않고 총체적으로 정의를 내렸습니다.

모두 끌어 담은 거죠. 어떤 한계 없이 대상이나 현상을 포괄하면 편리한 부분이 있긴 합니다.

역학적 에너지 보존법칙은 수리적 과정을 거쳐 나온 개념입니다. 엄격하고 세밀한 분석을 할 수 있죠. 역학적 에너지는 뉴턴의 운동방정식을 푸는 과정에서 나왔습니다. 운동방정식은 시간으로 2번 미분하는 형태죠. 상당히 까다로운 수식으로 쉽게 풀리지 않습니다.

역학적 에너지는 운동방정식을 해결할 방안을 모색하던 차에 발견한 겁니다. 운동방정식 양쪽 항에 있는 함수를 거리로 적분하던 중에 알았으니까요. 그러니까 역학적 에너지를 통해 시간과 공간의 물리량이 상호 대칭적으로 균형을 이룬다는 걸 어렴풋이 깨닫게 되었던 것이죠.

역학적 에너지는 운동 에너지와 퍼텐셜 에너지로 분류됩니다. 둘의 차이(T-V)에 주목해 라그랑주 역학이 나왔습니다. 두 에너지의 합(T+V)을 이용해 해밀턴 역학도 완성되었습니다.

작용

이 불변량은 라그랑주 역학에서 처음 소개되었습니다. 작용은 에너지보다는 좀 더 완결된 개념입니다.

에너지의 물리량이 '힘×공간'이라면 작용은 에너지에 시간을 적분한 물리량, '힘×공간×시간'입니다. 작용에서 등장하는 시간이라는 물리량은 이후 엄청난 영향을 끼치게 되죠.

고전역학에서는 시간이 절대 변수였습니다. 다른 원리 혹은 관계에 따라 바뀔 수 없고 그 자체로 온전히 타당한 절대 시간이었죠. 시간을 건드린다는 건 상상할 수도 없는 일대 사건입니다.

고전역학의 절대 시간 개념을 무너뜨리며 등장한 상대성이론과 양자역학은 시간을 달리 보았습니다. 시간은 다른 무엇과 비교할 수 있고 바꿀 수도 있는 개념인 거죠. 줄어들 수도 있고 늘어날 수도 있습니다.

시간 그 자체로 타당성을 행사할 수 없다고 판단했죠. 그야말로 상대적 시간입니다. 상대적 시간은 라그랑주가 언급한 '작용'의 시간과 맥이 통하죠. 작용에 등장한 시간도 고전역학에서의 절대 변수가 아니었으니까요.

작용의 절대 불변량

작용에서 절대 불변량은 따로 있습니다. 시간과 공간이 서로 관계 맺으며 유지되는 전체 작용 값 자체가 절대 불변량입니다.

물론 이때의 작용량은 보존된다는 의미가 아니고 대칭을 이루는 개념에 더 가깝습니다. 그것도 단순한 대칭에 그치지 않고 힘을 중심으로 맞서면서 순환하는 형태로 대칭 관계를 형성합니다.

끝도 없이 매 순간 변화하면서도 언제나 자신으로 돌아오는 (귀환하는) 존재라는 겁니다. 이 작용량에 가장 걸맞은 물리량이 있다면 아마도 양자역학에서 기술하는 '양자'가 되겠죠. 양자는 실수와 허수의 대칭에 기초한 오일러 공식과 짝이 맞습니다. 수리적으로도 문제가 없다는 얘기죠.

양자역학의 기본 계산식은 행렬이라고 알고 계신 분이 많을 겁니다. 행렬은 양자로 구성돼있습니다. 행렬의 밑바닥은 오일러 공식으로 짜여있습니다. 이를테면 양자역학에 등장하는 많은 수식도 하나하나 뜯어보면 기본 함수는 오일러 공식이라는 걸 확인할 수 있다는 겁니다.

지금까지 여러 단계를 거치며 오일러 수, 오일러 공식에 대해 살폈습니다. 이제 오일러 공식과 고전역학, 상대성이론, 양자역학의 관련성을 탐구할 차례입니다.

오일러 공식에 깃든 순환 대칭이 이들 이론에서는 어떻게 수용되고 발전되었는지 따져보겠습니다.

뉴턴역학의 운동방정식 & 대칭성

자연계를 구성하는 만물의 운동은 다양합니다.

가짓수도 많고 형태도 제각각입니다. 하늘, 땅, 산, 강, 바다, 식물, 동물 등등. 모두 저마다의 운동을 하며 활동을 이어갑니다. 모양이 다르고 속성이 다른 무수한 존재들은 자연에서 복잡다단한 운동을 합니다.

복잡한 운동은 간단한 운동방정식이 필요합니다.

복잡한 현상을 이해하려면? 접근방식이 단순하고 수월해야겠죠. 네. 뉴턴역학의 운동방정식이 필요합니다. 자연계에서 일어나는 모든 운동을 하나의 간결한 방정식으로 설명할 수 있으니까요.

뉴턴이 정립한 방정식 $F=ma$는 힘의 방정식입니다.

힘은 중력, 만유인력, 탄성력 등으로 설명할 수 있죠.

중력은 만유인력이 지구의 물체에 작용하는 힘입니다.

탄성력은 용수철의 보존력을 이용, 진동하는 운동에 작용하는 힘입니다. 탄성력은 중요한 힘이죠. 만유인력과 관련이 있으니까요.

운동법칙 & 직선적 시간관

뉴턴역학의 제 1법칙은 관성 법칙입니다.

외력이 작용하지 않으면 물체는 등속도로 계속 움직인다는 거죠. 관성 법직에 따르면 시간도 공간처럼 같은 속노로 앞으로 나아갑니다. 이런 발상은 시간과 공간이 휘거나 꺾이지 않고 일직선이라는 관념에서 비롯되었겠죠.

관성 법칙이 작동하는 운동에서 모든 시간은 과거를 통과해 현재에 이르고 다시 직선 방향으로 미래로 흐르는 거죠. 직선적 시간관입니다. 고전역학이 설명한 것처럼 시간은 누구에게나 동일하게 한 방향으로만 진행하는 걸까요?

뉴턴역학 제 2법칙(힘 방정식)을 변위 좌표와 갈릴레이 변환 좌표의 x좌표에 대입하면?

힘이 작용하지 않습니다.

위치이동에 의한 좌표변환	등속에 따른 좌표변환
$x' = x - d$	$x' = x - vt$
$y' = y$	$y' = y$
$z' = z$	$z' = z$
$t' = t$	$t' = t$

$$\Leftrightarrow$$

동일한 성격의 좌표이동으로 간주

갈릴레이 상대성(등속에 따른 좌표 변환) :

근거 : $F = ma(m\dfrac{d^2x}{dt^2})$을 적용하면

등속상황$(x - vt)$에서는 가속도 $a = 0$에 의해
외부힘 $F = 0$이 되므로 동일한 물리법칙 성립

  뉴턴역학이 절대 시간관에 기초한 것임을 확인할 수 있죠.
  뉴턴역학의 모든 법칙은 제2 법칙(F=ma)인 힘을 중심으로 정립되었습니다.

비교될 수 있는 시간

절대 시간, 직선적 시간관에 기초한 뉴턴역학은 기나긴 세월을 관통하면서 고전역학을 대표하는 가장 높은 봉우리로 인정을 받았습니다. 아인슈타인이 등장하기 전까지 그 누구도 시간 앞에 붙은 '절대'를 건드린 적이 없었으니까요.

상대성이론의 '상대'는 아인슈타인이 바라본 시간관 그러니까 공간이 포함된 시간관을 의미합니다. 시간이 상대적이라는 건?

시간은 무엇과 맞서거나 비교될 수 있는 관계에 있다는 얘깁니다. 어떤 조건이나 단서를 붙일 수 있습니다. 단독사의 위치에 있던 시간이 관계망 안으로 들어오는 거죠.

뉴턴역학의 절대 시간은? 그 무엇과 비교될 수 없고 조건을 붙일 수도 없는 그야말로 '흔들릴 수 없는 시간'이었습니다.

운동방정식 한계

1905년 아인슈타인은 특수상대성이론을 발표했습니다. 절대 공간과 절대 시간에 기초한 뉴턴역학과 배치되는 이론이 탄생한 거죠.

운동방정식을 다시 생각해봐야 한다는 과제를 던진 겁니다. 이제 뉴턴역학의 운동방정식에서 포착할 수 있는 문제점을 짚어보겠습니다.

운동방정식 제2 법칙(힘 방정식)에서 위치 x는 종속변수, 시간 t는 독립변수입니다. 위치 x(t)를 시간 t로 2번 미분하는 과정에는 모호한 부분이 있습니다. 미분을 하다 보면 시간 부호가 사라진다는 것.

$$F = ma = m\frac{d^2x}{dt^2}$$

1) 과거 → 현재 → 미래를 향한 운동

$$F = ma = m\frac{d}{dt}(\frac{dx}{dt})$$

2) 미래 → 현재 → 과거를 향한 운동

$$F = m\frac{d}{d(-t)}(\frac{dx}{d(-t)}) = m\frac{d}{dt}(\frac{dx}{dt})$$

1), 2) 수식이 같아짐

뉴턴역학에서는 시간 방향이 (+), (-)로 구분되지 않고 한 덩어리로 돼 있습니다. 수식으로도 시간 방향이 구분되지 않습니다.

뉴턴은 1687년 물리학 총서 <프린키피아>를 저술했죠. 이 책에는 운동법칙, 만유인력, 우주론 등 그의 업적이 모두 소개돼있습니다. 뉴턴역학은 300년 이상 '우주 자연을 기술하는 완벽한 자연법칙'으로 군림했습니다.

이런 의문을 품을 수 있겠죠.

'아니, 뉴턴은 시간 방향을 설정하지도 않고 식을 전개했는데 어떻게 수백 년 동안 권좌에 있었던 거야? 시간 방향은 전혀 문제가 되지 않는 선가?'

네. 그다지 문제 될 게 없었습니다.

우리 감각도 시간 방향에 민감하지 않죠.

이를테면 이런 겁니다. 우리가 기차나 지하철을 타고 어딘가로 이동을 합니다. 등속도로 움직이는 기차에서 우리가 기차 속도의 영향을 감각할 수 있나요? 별다른 느낌 없이 당연하게 받아들입니다.

로렌츠 변환

상황이 바뀌기 시작한 건? '광속(빛 속도)' 때문입니다.

맥스웰의 파동방정식이 발표된 시점부터죠. 맥스웰이 정립한 '전자기파 파동방정식'에 따르면 전자기파 속도는 어떤 상황에서도 빛의 속도와 동일합니다. 빛 속도는 물질이 원천적으로 배제되는 진공의 속성에서 결정되는 것이지 관성계의 법칙에 구속되는 게 아니라는 얘기죠.

맥스웰 파동방정식을 통해 광속에 대해 확고한 믿음을 얻은 아인슈타인이 제일 먼저 한 작업은?

갈릴레이 변환을 건드립니다. 로렌츠 변환*으로 바꾸는 거죠. 이 과정을 거치며 탄생한 게 특수상대성이론입니다.

---

* 당시에 아인슈타인은 로렌츠 변환이 공표되었다는 걸 몰랐다고 하죠. 그래서 갈릴레이 변환의 오류를 수정하면서 시간 변환을 새로 만들었습니다. 로렌츠가 수정한 변환표가 이미 나와 있었다는 사실은 한참 뒤에 알았습니다.

상대성이론 & 순환 대칭

갈릴레이 변환   로렌츠 변환

$x' = (x - vt)$ $x' = \gamma(x - vt)$ ... A식

$t = t'$ $t' = \gamma(t - \dfrac{vx}{c^2})$ ... B식

갈릴레이 변환과 로렌츠 변환을 비교해봅시다.

두 식에는 뉴턴역학과 상대성이론의 차이점이 고스란히 담겨 있습니다. 갈릴레이 변환은 고전역학을 반영하고 로렌츠 변환은 상대성이론을 암시하는 거죠.

로렌츠 변환 : 특수상대성

상대성이론을 어려워하는 분들이 있을 겁니다.

로렌츠 변환을 이해하면 상대성이론의 핵심을 쉽게 간파할 수 있습니다. 상대성이론의 뼈대는? γ(감마계수)입니다.

갈릴레이 변환은 γ가 없고 로렌츠 변환은 γ가 있죠.

갈릴레이 변환

$x' = (x - vt)$

$t = t'$

로렌츠 변환

$x' = \gamma(x - vt)$ ... A식

$t' = \gamma(t - \dfrac{vx}{c^2})$ ... B식

로렌츠 변환에는 공간 좌표 x, 시간 좌표 t에 γ가 있습니다.

시간 변수 t와 t'도 다르다고요? x 변환을 하고 나면 t 변환은 치환 절차에 따라 자연스레 풀리니 따로 고려하지 않아도 됩니다.

네덜란드의 물리학자 헨드릭 로렌츠(1853~1928)는 전자이론의 선구자로 알려져 있죠. 그는 시간 변환식을 계산하기 위해 여러 방법을 시도한 끝에 로렌츠 변환(로렌츠 수축)을 발표했습니다.

로렌츠 변환은 상대성이론과 연결되는 접점이 있습니다.

로렌츠를 상대성이론의 시조로 언급하는 경우가 많습니다. 로렌츠가 찾은 시간 변환식은 과정이 어렵습니다. 난해한 방식으로 식을 유도했던 거죠.

특수상대성이론에 따르면 로렌츠 변환은 너무도 쉽게 도출할 수 있습니다. 관건은 발상을 어떻게 하느냐에 달렸다는 얘기죠.

빛 속도가 만드는 시공 회전

특수상대성이론의 기본 구상은 무척 간단합니다.

'시간과 공간은 다르지 않다.'

'시간 t와 공간 x의 본질은 같다.'

t 변환은 x 변환에 대응시키면 된다는 얘깁니다. 불변 값을 가진 매개 상수(빛 속도 c)를 이용, 공간 변수를 시간 변수에 맞추는 거죠.

x와 x'에 각각 x=ct, x'=ct'(이 관계식은 광속도 불변에 근거)로 바꾸기만 하면 변환식이 나옵니다.

이 대목에서 알 수 있는 중요한 사실이 있죠.

시간과 공간은 일직선으로 나란히 함께 나아가지 않는다는 것.

시간과 공간은 병진 이동하지 않고 광속도 c를 중심으로 회전합니다. 시간 좌표축과 공간 좌표축에서 광속도 c가 빙빙 돌며 동일한 값을 갖는 거죠.

4차원 시공간

시공의 변화에 주목한 아인슈타인은 특수상대성이론에 머물지 않고 일반상대성이론도 떠올립니다. 그래서 탄생한 수식이 중력장 방정식이죠.

'만유인력은 힘 때문이 아니라 시공간의 휨'에서 발생한다는 근거를 제시합니다. 아인슈타인의 4차원 시공간이 탄생한 거죠.

인간의 시지각으로 중력장 방정식을 체감할 수 있을까요?

시간과 공간이 휘는 과정을 우리 눈으로 직접 확인한다는 건 불가능하다고 봐야겠죠. 다만 시간과 공간이 다르지 않다는 것, 시간과 공간을 성립시키는 근본 성질이 같다는 관점으로 접근하면 회전변환으로 시공이 휘는 원리를 이해할 수 있습니다.

회전변환

이제 로렌츠 변환이 시공의 회전변환으로 바뀌는 과정을 살펴보겠습니다. 회전변환과 연관이 있는 행렬 관계식을 이용하면 조금은 수월하게 이해할 수 있습니다.

좌표계(x, y)에서 θ만큼 회전이 일어난 지점을 극좌표로 합니다. 그걸 회전이 새로 일어난 좌표계 (x', y')로 바꾼 다음 행렬로 표현하면 이렇게 됩니다.

갈릴레이 변환   로렌츠 변환

$x' = (x - vt)$ $x' = \gamma(x - vt)$ ... A식

$t = t'$ $t' = \gamma(t - \dfrac{vx}{c^2})$ ... B식

갈릴레이 변환은 직선운동 변화에 불과합니다.

로렌츠 변환은 감마계수에 의한 회전변환입니다.

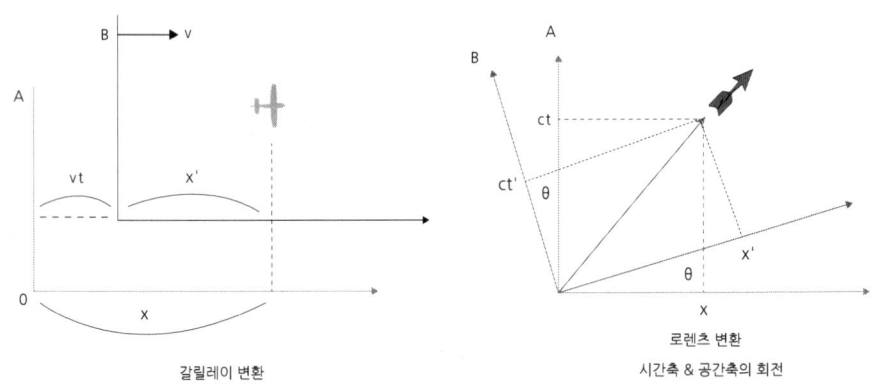

갈릴레이 변환

로렌츠 변환
시간축 & 공간축의 회전

회전변환을 행렬로 나타내면

$x' = x\cos\theta + y\sin\theta$

$y' = -x\sin\theta + y\cos\theta$

$\begin{pmatrix} x' \\ y' \end{pmatrix} = \begin{pmatrix} \cos\theta, & \sin\theta \\ -\sin\theta, & \cos\theta \end{pmatrix} \begin{pmatrix} x \\ y \end{pmatrix}$

로렌츠 변환의 핵심은? 감마계수에 의해 갈릴레이 변환이 회전변환으로 바뀌는 거죠.

회전행렬

γ를 중심으로 회전변환을 살펴봅시다.

우선 로렌츠 변환 좌표를 회전변환 행렬로 바꿔야겠죠.

$$x' = \gamma(x - vt) \quad \cdots A식$$

$$\rightarrow \gamma x + (i\gamma \frac{v}{c})(ict) \quad (\beta = \frac{v}{c})$$

$$\rightarrow x' = \gamma x + (i\gamma\beta)(ict) \quad \cdots A식$$

$$t' = \gamma(t - \frac{vx}{c^2}) \quad \cdots B식$$

$$\rightarrow ict' = i\gamma(ct - \frac{v}{c}x) \rightarrow (-i\gamma\frac{v}{c})x + \gamma(ict)$$

$$= (-i\gamma\beta)x + \gamma(ict) \quad \cdots B식$$

t' 로렌츠 변환에 ic를 곱한 건 공간변수인 x 차원에 맞추기 위해서죠. 게다가 매개 상수 c에 허수(i)까지 붙어있으니 시간 차원은 공간 차원과 직각을 만들어야 합니다.

우리의 시지각 능력은 3차원 공간에서 직각을 이루는 시간 차원을 상상할 수 없습니다. 시간에 허수 (i)를 곱하면 직각을 이루는 좌표축이 생성됩니다.

허수가 끼어든 시간 좌표축으로 회전행렬을 표현해봅시다.

로렌츠변환의 회전변환행렬

$$\begin{pmatrix} x' \\ ict' \end{pmatrix} = \begin{pmatrix} \gamma, & i\gamma\beta \\ -i\gamma\beta, & \gamma \end{pmatrix} \begin{pmatrix} x \\ ict \end{pmatrix} \cdots 3식$$

수식만 보고 회전행렬이 일어났다고 믿을 수 있을까요?

이 수식이 회전행렬을 거쳐 나온 게 맞는지 알 수 있는 방법은? 회전행렬이 갖춰야 하는 조건을 충족하면 됩니다.

임의적인 행렬 $\begin{pmatrix} a, & b \\ c, & d \end{pmatrix}$ 이

→ 회전행렬 $\begin{pmatrix} \cos\theta, & \sin\theta \\ -\sin\theta, & \cos\theta \end{pmatrix}$ 이 되려면

1) $a = d \ (\cos\theta = \cos\theta)$

2) $b + c = 0 \ (\sin\theta - \sin\theta = 0)$

3) $ad - bc = 1 \ (\cos^2\theta + \sin^2\theta = 1)$

로렌츠 변환 행렬이 회전행렬이 되는지 확인해보죠.

$$\begin{pmatrix} x' \\ ict' \end{pmatrix} = \begin{pmatrix} \gamma, & i\gamma\beta \\ -i\gamma\beta, & \gamma \end{pmatrix} \begin{pmatrix} x \\ ict \end{pmatrix}$$

$$\begin{pmatrix} a, & b \\ c, & d \end{pmatrix} = \begin{pmatrix} \gamma, & i\gamma\beta \\ -i\gamma\beta, & \gamma \end{pmatrix}$$

$a = d\,(\gamma = \gamma),$

$b + c = 0\ (i\gamma\beta + (-)i\gamma\beta = 0)$ 성립

$ad - bc = \gamma^2 - (\gamma^2\beta^2) = \gamma^2(1-\beta^2)$

$= \dfrac{1}{1-\beta^2}(1-\beta^2) = 1$

로렌츠 변환 행렬이 회전행렬 조건에 어긋나지 않음을 알 수 있습니다.

좌표축 발산

회전행렬과 로렌츠 변환 행렬을 비교하면 이해하기 어려운 점이 있습니다.

$$\begin{pmatrix} \cos\theta, & \sin\theta \\ -\sin\theta, & \cos\theta \end{pmatrix} = \begin{pmatrix} \gamma, & i\gamma\beta \\ -i\gamma\beta, & \gamma \end{pmatrix}$$

γ값은 정지 공간일때는 1,

그 외 경우는 $1 < \gamma$, $\cos\theta \neq \gamma$. ???

로렌츠 행렬의 γ값은 정지 상태에서는 1이죠. 정지 상태가 아니면 항상 1보다 큽니다.

$\cos\theta$는 최대값이 1입니다. 기본 조건은 잘 맞죠. 물리적 감각으로는 일치하지 않습니다. 이상한 틈이 생긴 것 같은데 왜 그럴까요?

회전행렬의 좌표는 민코프스키(1864~1909)[*]가 고안한 4차원 시공간 좌표계를 사용합니다. y축이 ict로 돼 있습니다.

민코프스키 좌표축이 회전행렬 조건에는 부합합니다.

관건은 시간입니다. 시간이 경과하면 좌표축이 발산합니다.

[*] 제정 러시아 출신의 독일 수학자죠. 기하적 관점으로 정수의 성질을 탐구했습니다.

회전하는 모양을 표현할 수 없죠.

어떻게 하면 회전행렬 형태를 나타낼 수 있을까요?

회전행렬 비율

회전이 일어나려면?

회전행렬 비율이 삼각함수 값과 일치해야 합니다. 이 말은 위치 좌표를 속도 좌표로 바꿔야 한다는 얘깁니다. 우주는 정지 상태가 아닌 등속도로 움직이는 관성계죠.

빛시계

여기서 빛시계에 대해 언급하고 갑시다.

두 관찰자 A와 B에게 동일하게 작동하는 빛시계가 있다고 가정합니다. 빛시계는 높이가 30만km로 아래쪽에서 출발하여 2초간 왕복운동 합니다. 1초가 지나면 천정에 닿고 다시 1초가 지나면 바닥에 닿는 방식의 운동을 지속하는 거죠.

이 빛시계를 고유 빛시계(빛시계)라고 부릅시다.

최초 시간 t=0초 시점에 B가 탄 우주선이 A가 정지해 있는 지점을 지나갑니다. 이 시점부터 각자의 고유 빛시계가 작동합니다.

여기서 A가 B의 빛시계를 보는 상황을 가정해봅시다.

A가 바라본 B의 빛시계는 자신의 빛시계와는 다른 형태로 작동하겠죠. 이렇게 다르게 보이는 빛시계(다른 관성계의 빛시계)를 '피타고라스 빛시계'라고 부르겠습니다.

고유 빛시계는 수직으로 왕복운동을 하지만 피타고라스 빛시계는 빛의 경로가 사선입니다. 우주선의 이동 경로가 더해졌기 때문이죠. 피타고라스 빛시계는 직각삼각형이 됩니다.

만약 정지한 관찰자 A가 우주선에 탑승한 B의 빛시계, 즉 피타고라스 빛시계를 바라본다면? 시간이 늘어지는 상황을 발견하겠죠.

속도에 비례하는 감마계수

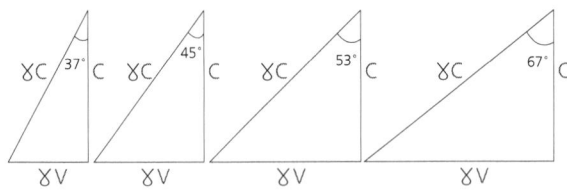

그림은 속도에 따라 모습이 바뀌는 피타고라스 빛시계를 4단계로 설정한 겁니다.

기울어지는 빗변이 각도에 따라 길어지는 상태를 확인할 수 있습니다. 우주선의 속도 v가 커지면 γ도 커지죠.

각도에 따라 달라지는 γ를 피타고라스 정리를 이용해 계산할 수 있습니다. 빗변의 길이가 길어지면서 단계적 변화가 드러나죠.

불변 물리량 c

그림에서 흥미로운 사실을 발견할 수 있습니다.

우주선에 있는 고유 빛시계로 삭동하는 빛속노 c가 불변 불리량이죠. 불변량은 회전변환 행렬의 요소로, 삼각함수에서는 회전 반지름으로 이용됩니다.

빛시계의 불변량은 높이 쪽이 아니라 직각삼각형의 빗변에 있습니다. 그래야 직각삼각형의 변을 γ로 나누고 4단계의 피타고라스 빛시계를 하나로 통일할 수 있겠죠.

그렇게 나온 빛시계가 4차원 빛시계입니다.

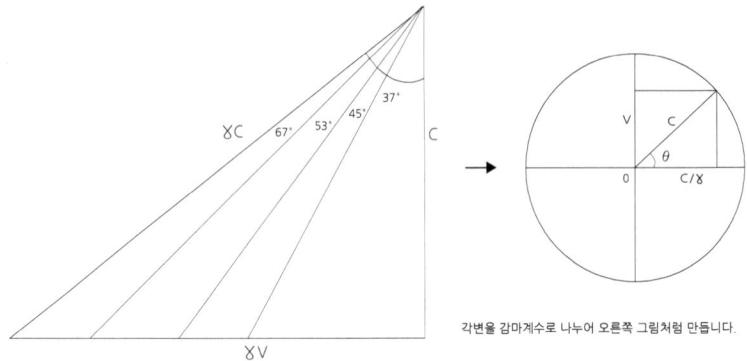

각변을 감마계수로 나누어 오른쪽 그림처럼 만듭니다.

4차원 빛시계*는 우주선에 승선한 관찰자 시점에서 성립되는 빛시계입니다. 움직이는 관찰자가 지상의 시간과 공간을 바라볼 때 형성되는 빛시계입니다.

4차원 빛시계에는 움직이는 우주선의 속도 v와 그 속도 때문에 축소되는 공간이 보입니다. 이 부분을 극좌표 방식으로 표현할 수 있습니다.

만약 우주선 관점에서 속도 v로 되는 상황을 4차원 빛시계 좌표로 나타낸다면?

---

* 4차원 빛시계는 4차원 시공간 관점에서 생성되는 빛시계입니다.

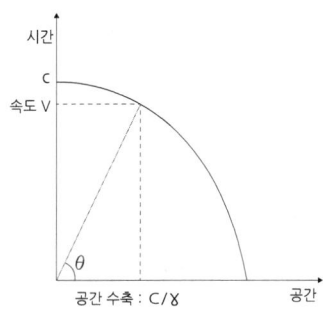

움직인 곳의 좌표는 $(c/\gamma, v)$입니다.

이 경우는 좌표계 자체가 복소평면 좌표죠.

이 좌표를 삼각함수로 바꾸면 복소평면의 회전행렬로 만들 수 있습니다.

4차원 빛시계 회전행렬

4차원 빛시계를 회전행렬로 표현하면?

감마계수와 빛 속도로 구현된 회전행렬이 회전행렬의 3가지 속성을 충족시키는지 확인해보죠.

$\cos\theta = \dfrac{1}{\gamma}$ (공간수축률) , $\sin\theta = \dfrac{v}{c}$ ($\beta = \dfrac{v}{c}$)

복소평면의 회전행렬

$$\begin{pmatrix} \cos\theta, & \sin\theta \\ -\sin\theta, & \cos\theta \end{pmatrix} \rightarrow \begin{pmatrix} \dfrac{1}{\gamma}, & \beta \\ -\beta, & \dfrac{1}{\gamma} \end{pmatrix}$$

$$\begin{pmatrix} a, & b \\ c, & d \end{pmatrix} \rightarrow \begin{pmatrix} \cos\theta, & \sin\theta \\ -\sin\theta, & \cos\theta \end{pmatrix}$$

회전행렬의 기본조건

$a = d, \ \rightarrow (\dfrac{1}{\gamma}) = (\dfrac{1}{\gamma})$,

$b + c = 0 \ \rightarrow \beta + (-)\beta = 0$ 충족

$$\dfrac{1}{\gamma^2} = \dfrac{1}{(\dfrac{1}{\sqrt{1-\beta^2}})^2} = (\sqrt{1-\beta^2})^2 = 1 - \beta^2$$

$(\dfrac{1}{\gamma})^2 + \beta^2 = (1 - \beta^2) + \beta^2 = 1$

$\rightarrow \ ad - bc = 1$도 충족

시작 부분과 직각 각도에 실제 값을 대입해봅시다.

$\cos 0°$는 1이므로 정지한 물체의 γ입니다. 당연히 감마계수의 역수($1/\gamma$)도 1로 일치합니다.

$\cos 90°$면 0이 되죠.

v 값이 빛 속도니 γ는 ∞, $1/\infty$ ($1/\gamma$)은 0입니다.

y축의 $\sin\theta = v/c$가 되죠. 4차원 빛시계의 회전행렬이 실숫값으로 표현되었습니다.

발산하지 않는 행렬

과정을 보면 로렌츠 변환에서 유도된 회전행렬보다 4차원 빛시계 회전행렬이 이해하기 수월하다는 걸 알 수 있습니다.

로렌츠 변환에 근거한 행렬도 기본 조건은 갖추었죠. 한데 행렬값에 허수가 포함돼 있습니다. 게다가 첫 번째 값은 무한 발산합니다.

로렌츠 변환에서 유도된 값에는 반경에 거리가 반영돼 있죠.

시간이 흐르면? 값은 끝없이 커질 수밖에요.

4차원 빛시계 행렬은 속도 v와 빛 속도 c에 기초한 행렬입니다. 발산하지 않는 삼각함수 비율로, 제한된 값을 적용했죠.

회전변환 행렬 속성에 그대로 부합합니다. 실제로 활용할 수 있다는 얘기죠.

민코프스키(1864-1909)는 왜 그런 생각을 못 했던 걸까요?

로렌츠 변환을 보고 광속도에 허수를 적용, 4차원 시공간 좌표계를 고안한 장본인인데.

병마에 시달린 민코프스키

민코프스키는 아인슈타인이 일반상대성이론을 완성하는데 기여한 수학자입니다. 그는 특수상대성이론을 정립한 아인슈타인도 생각지 못한 핵심 발상을 제공했습니다.

특수상대성이론에 비유클리드 기하학을 접목했던 거죠. 그랬던 사람이 4차원 시공간에서 유도할 수 있는 회전변환 행렬을 포착하지 못했다는 건 이해하기 어렵습니다. 아마도 너무 이른 나이에 세상을 떠났던 게 이유라면 이유겠죠.

민코프스키가 특수상대성이론을 접한 건 1907년쯤이라고 하는데 사망한 해는 1909년입니다. 병마에 시달리던 사람이 연구에 전념하기는 어려웠을 겁니다. 시간은 부족하고 활동할 기력도 고갈된 상태였으니까요.

생의 시간이 좀 더 지속되었더라면 아인슈타인의 중력장 방정식을 복소평면과 연결하지 않았을까요? 쉽게 접근할 수 있는 수식도 만들었을 것 같고요.

중력장 방정식은 대단히 뛰어난 방정식입니다만, 수식 체계가 너무 방대합니다. 쉽게 이해할 수 없습니다.

확률을 꺼려한 아인슈타인

아인슈타인은 '우주는 단순하고 아름답다'고 확신했죠. 그래서인지 중력장 방정식에는 불확실한 것, 확률과 연관이 있는 요소는 아예 빼버렸습니다.

허수가 개입할 틈을 원천 차단한 거죠. 대신 텐서라는 개념을 사용했습니다. '단순한 아름다움'을 기술하기 위해서는 허수보다 텐서가 유용한 도구라 생각했으니까요.

1915년, 아인슈타인은 오래도록 끌어온 일반상대성이론을 공표합니다. (질량, 에너지와 대칭을 이루는) 중력장 방정식을 유도해 시간과 공간이 구부러진 우주를 소개했습니다.

아인슈타인은 수식에 허수가 등장하는 걸 반기지 않았습니다. 완벽하게 맞아 떨어지는 세계를 선호한 사람이니까요.

그는 "신은 주사위 놀이를 하지 않는다."며 양자역학의 불확정성조차 인정하지 않았습니다.

우주 자연의 실태를 탐구하는 물리학자는 종교적 신념이나 믿음에 구속되지 않을 것 같죠? 물질을 통해 물리적 성질과 현상, 관계와 법칙을 파고드는 학문이 물리학이니까요.

연구에 몰두하는 물리학자도 인간이죠. 하나의 개인입니다. 일상에서 철학적 태도나 가치관, 종교적 지향에서 완전히 자유로울 수는 없다고 봐야죠.

회전변환 행렬

상대성이론의 '4차원 빛시계 행렬'을 데카르트 좌표계와 극좌표, 복소평면과 연관시켜봅시다. 일반적인 데카르트 직각좌표만으로 4차원 빛시계 좌표 방식을 곧바로 알 수는 없을 테니까요.

시공간이 휘는 건? 공간에 시간 변수 효과가 숨어있어서죠.

시간과 공간이 얽혀있으면 시간 좌표축과 공간 좌표축으로 된 좌표계가 필요합니다. 허수축이 포함된 복소평면과 연관이 있다는 거죠.

복소평면은 상당히 까다로운 좌표계입니다. 그래서인지 물리현상을 기술하는 실제 좌표계로 생각하기보다는 추상적인 사유에서 나온 기법으로 생각하기 쉽습니다.

왜 그럴까요? 복소평면의 허수는 실수로 환산돼야 한다고 믿기 때문이겠죠.

복소평면은 실제 좌표계입니다.

시공간이 휘는 물리현상을 수치로 나타내는 현실의 좌표계입니다. 이 부분을 이해하려면 극좌표 변환 단계를 거쳐야 합니다. 물체의 운동을 기술하는 좌표계 2개를 제대로 파악해야 복소평면의 진면목을 만날 수 있다는 거죠.

직각좌표계 & 극좌표계

물체는 공간에서 3차원으로 나타납니다.

물체의 위치를 표시하려면? 당연히 3차원 좌표계가 필요하겠죠. 한데 자연에서 반복적으로 발생하는 대부분의 운동은 2차원 평면에서 일어납니다. 태양 주변을 도는 행성들이 그렇죠.

회전운동을 하는 행성의 움직임을 분석할 때는? 데카르트 직각좌표계(rectangular coordinate)와 극좌표계(polar coordinate)를 사용합니다.

간단히 직각좌표계와 극좌표계로 부릅시다.

우선 좌표계 구조를 알아보는 게 좋겠습니다. 그다음 좌표계의 특성을 통해 좌표계의 변환과 관계를 따져봅시다.

2차원 좌표계

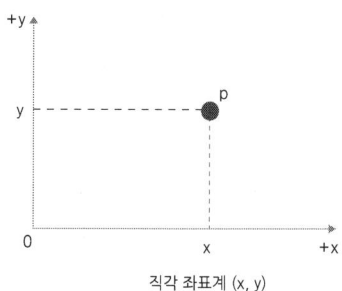

직각 좌표계 (x, y)

x 방향의 단위벡터: y가 고정된 상태에서 직각방향으로 증가

y 방향의 단위벡터: x가 고정된 상태에서 직각방향으로 증가

직각좌표계 x축과 y축에서 p점 좌표를 (x, y)로 표시합니다.

직각좌표계의 장점은?

변수 x, y는 원점이 고정돼 있다는 것, 게다가 직각으로 돼있어 직관적으로 의미를 파악할 수 있다는 점이죠.

회전이 만든 좌표변환

원래 좌표축 x, y축을 회전각 θ만큼 회전하면 새로운 좌표축에서 임의의 점 p를 기술할 수 있습니다.

그럼 p점 좌표는 어떤 변화를 보일까요?

새로 설정된 좌표축에서 p좌표를 표시하는 방법은 여러 가지로 추론할 수 있습니다. 가장 쉽고 명확한 방법은 단위벡터를 이용하는 겁니다.

단위벡터란? 크기는 1, 방향은 좌표축과 같은 벡터입니다.

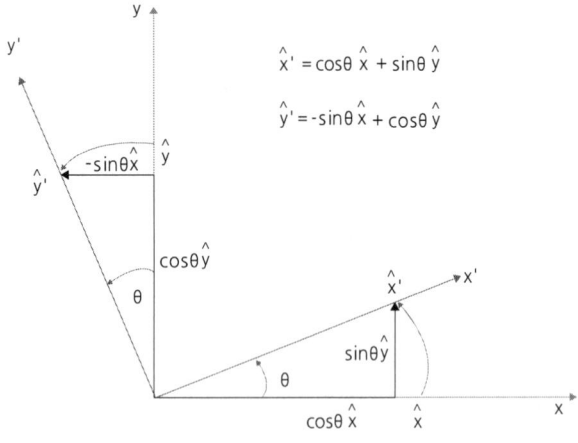

좌표 변환식을 보면 새로운 좌표축과 원래 좌표축의 단위벡터 크기가 모두 1입니다. cosθ와 sinθ의 위상차가 90° 되는 점을 벡터로 활용, 새로운 좌표축을 기술한 것이죠. cosθ와 sinθ가 단위벡터의 구성 요소라는 것, (-)부호는 기존 벡터의 방향과 반대라는 점을 표현하고 있습니다.

데카르트 좌표계에서 극좌표계로 나아간 과정은?

좌표축의 회전을 떠올리게 되면서죠.

극좌표계에서는 원점에서의 거리 r과 위상 θ, 2개의 변수가 필요합니다. 이 변수 좌표축은 데카르트 직각 좌표계과 동일한 좌표축을 사용하는 것처럼 보입니다.

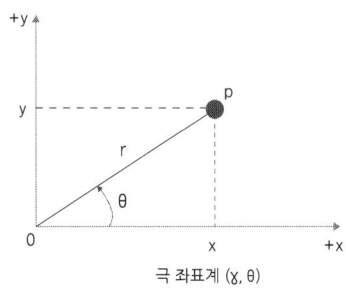

극 좌표계 (૪, θ)

θ 방향의 단위요소 벡터: 회전각 위상이 증가하는 순간의 방향

r 방향의 단위요소 벡터: θ가 고정된 상태에서 r이 증가하는 방향

자세히 보면 단위벡터를 구성하는 요소가 만드는 좌표축이 따로 있습니다. 즉 요소벡터가 만드는 좌표축을 찾으면 극좌표계의 좌표축은 고정돼있지 않죠. 회전하는 동적 좌표축임을 확인할 수 있습니다.

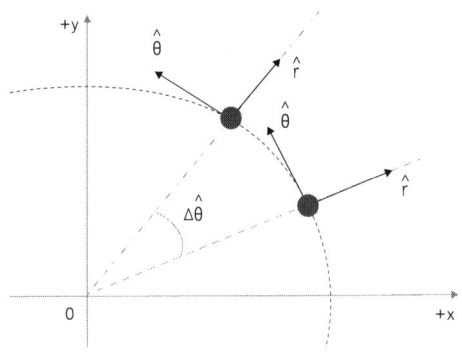

극좌표계의 좌표축은 위상 θ가 고정되면 r은 수직방향이 되면서 고정됩니다. 극좌표계도 데카르트 좌표계와 같은 직각좌표계죠.

데카르트 좌표계와 다른 건 위상 θ의 변화에 따라 좌표축 방향이 매 순간 변한다는 점이죠. 위상 θ가 움직이면 r도 위상 θ에 따라 움직입니다.

좌표축의 움직임이 위상 θ 변화에 맞춰 바뀝니다.

이런 독특한 현상은 2개 축이 직각(right angle)을 이룬다기보다 직교(orthogonal)한다고 표현하는 게 맞습니다.

극좌표계를 좀 더 살펴보겠습니다. 물리적 현상에 적용될 가능성도 생각해보고요.

극좌표계 탐색

1. cosθ & sinθ 함수 : 삼각함수의 기본함수

이 힘수들은 변수 θ가 변해도 언제나 위상차 90°(위상차 $1/2\pi$)를 유지합니다. 좌표축 2개가 위상 θ에 관계 없이 항상 수직을 이룹니다.

기본함수가 짝을 이루면 곧바로 직각좌표가 만들어지면서 동적인 직교좌표계가 된다는 거죠.

2. 극좌표 방식(회전 직각좌표) : 뉴턴 운동방정식에 활용

F=ma는 공간거리를 2차 미분한 방정식입니다.

2차 미분방정식은 풀기가 쉽지 않습니다. 그래서 공간거리 dx를 적분했죠.

적분을 거치면 시간 영역과 공간 영역이 분리됩니다. 덤으로 역학적 에너지 E도 나왔습니다.

라그랑주 역학과 해밀턴 역학은 역학적 에너지를 이용, 새로운 물리량 작용을 정의했습니다. 에너지에 시간 영역이 추가된 작용 물리량의 특징은? 운동방정식을 원리적으로 접근, 실제 자연현상에 적용할 수 있게 만들었다는 거죠.

3. 4차원 시공간 좌표축

직각좌표계와 극좌표계는 어떨까요? 시간 변수를 추가할 수 있습니다. 데카르트 좌표든 극좌표든 근본을 따지면 같은 직각좌표축이니까요.

기본적으로 직각좌표계는 공간 축으로만 짜인 좌표계입니다. 극좌표계는 위상 θ가 시간 변수 역할을 합니다. 즉, 위상 $\theta = \omega t$가 됩니다.

θ를 시간 요소 ωt로 치환하면 극좌표계의 좌표축은 공간과 시간으로 된 4차원 시공간 좌표축으로 변합니다. 이 과정을 구체적으로 확인할 수 있는 극좌표계 좌표 기술 방식이 있죠.

바로 회전변환 행렬입니다.

극좌표계 & 회전변환 행렬

직각좌표계의 x, y축을 θ 각도로 회전하면 x', y'가 나옵니다.

새로 생긴 x', y' 좌표를 기술하려면?

단위벡터를 사용, 회전변환을 유도하면 되죠.

변환된 단위벡터 값을 그대로 극좌표계의 r과 θ로 1대1 대응, 치환하면 극좌표계의 회전변환 좌표를 얻을 수 있습니다.

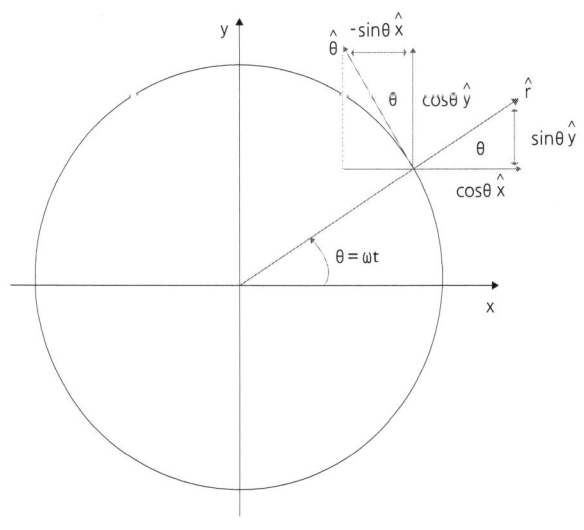

$$\hat{r} = \cos\theta\,\hat{x} + \sin\theta\,\hat{y}$$

$$\hat{\theta} = -\sin\theta\,\hat{x} + \cos\theta\,\hat{y}$$

단위벡터로 된 수식에 행렬을 적용해 간단히 표현하면 회전변환 행렬이 도출됩니다.

$$\begin{pmatrix} r \\ \theta \end{pmatrix} = \begin{pmatrix} \cos\theta, & \sin\theta \\ -\sin\theta, & \cos\theta \end{pmatrix} \begin{pmatrix} x \\ y \end{pmatrix}$$

행렬식은 미시세계, 미시 영역에도 적용 가능한 수리적 도구가 될 수 있습니다. 복잡다단한 자연현상, 인간의 감각으로는 따라잡을 수 없는 작고 적은 세계의 바탕이나 요소를 기술할 수 있는 분석 도구가 될 수 있다는 얘깁니다.

미세한 세계, 오차를 허용하지 않는 세밀한 범위에서 오일러 공식으로 접근하면 행렬의 특성이 확연히 드러납니다. 시간 차원과 공간 차원을 연속적으로 미분할 수 있으니까요. 과정을 확인해보겠습니다.

회전변환 행렬 미분

먼저 회전변환 행렬을 미분해보겠습니다.

$$\begin{pmatrix} \cos\theta, & \sin\theta \\ -\sin\theta, & \cos\theta \end{pmatrix}$$

행렬은 1행을 θ로 미분한 것이 2행이 됨

$$\frac{d\cos\theta}{d\theta}=-\sin\theta, \quad \frac{d\sin\theta}{d\theta}=\cos\theta$$

첫 번째 행의 각 항을 미분하면 두 번째 행의 열로 바뀌죠. 이건 2차원 행렬에서 예시로 확인한 부분입니다.

관건은? 이런 간단한 예시에서 그치지 않는다는 거죠.

오일러 공식으로 확장된 3행, 4행, ... 무한의 행과 열을 갖는 행렬에도 적용됩니다. 여기서 변수 θ는 회전의 정도를 나타내는 위상 값으로 ωt로 대체할 수 있습니다.

$$\begin{pmatrix} r \\ \theta \end{pmatrix} = \begin{pmatrix} \cos\omega t, & \sin\omega t \\ -\sin\omega t, & \cos\omega t \end{pmatrix} \begin{pmatrix} x \\ y \end{pmatrix}$$

회전변환 행렬 = 4차원 빛시계 행렬

회전변환 행렬의 θ를 ωt로 대체하면?

단위원에서 위상 θ의 크기에 따라 시간과 공간의 변화를 나타낼 수 있는 4차원 시공간 좌표계가 됩니다.

이게 무슨 의미가 있느냐고요? 회전변환 행렬에는 시간 요소가 깔려있습니다. 4차원 빛시계 행렬과 같은 행렬이라는 얘기입니다.

특수상대성이론의 관찰자 시점을 떠올려보세요. 속도에 따라 감마계수가 달라지고, 감마계수에 따라 시간과 공간도 변해갔던 과정을.

네. 회전변환 행렬 =(≒) 4차원 빛시계 행렬입니다.

회전변환 행렬을 복소평면에 적용하면 시간과 공간의 변화를 기술하는 4차원 빛시계 행렬이 됩니다.

양자역학 & 순환 대칭

고전역학에서 시간과 공간은 절대적 물리량이었습니다. 시간과 공간은 누구에게나 똑같이 체감되는 물리량이라 믿었습니다. 자연법칙이 작동하는 전제 조건으로 생각했던 거죠.

이린 '질대'가 상내싱이론이 등장하면서 상내적 시간, 상내적 공간이 되고 말았습니다. 갈릴레이 변환에서 절대 시간은 물체 속도에 좌우되지 않습니다. 서로 영향을 끼치지 않고 나란히 평행을 이루며 흘러가는 것으로 표현돼있죠.

갈릴레이 변환에서는 4차원 시공간을 떠올릴 수 없습니다. 당연히 시간과 공간이 휜다는 개념도 용납하지 않죠.

4차원 빛시계는?

3차원 공간 영역에 시간 요소가 회전하는 방식으로 추가되었습니다. 4차원 시공간으로 확장된 형태죠. 직각 좌표계에서 역동적인 극좌표계로 범위를 넓혔습니다.

4차원 시공간이 휘는 걸 체감할 수 있습니다. 회전행렬은 복소편각의 회전과 연관이 있습니다.

4차원 빛시계는 로렌츠 변환을 감각적으로 기술할 수 있는 도구입니다. 로렌츠 변환에서 계산되는 공간 거리에 시간 변수를 나타내려면? 불변량인 빛 속도 c를 이용해야겠죠.

결과는? 원으로 변모한 4차원 빛시계가 됩니다.

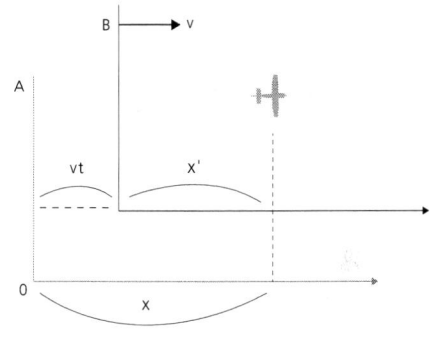
갈릴레이 변환

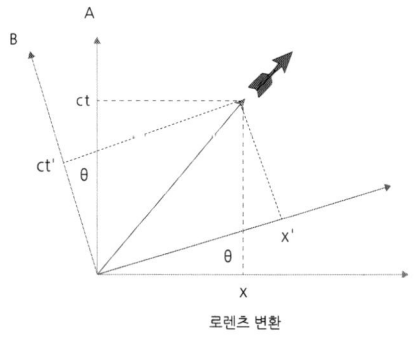
로렌츠 변환
시간축 & 공간축의 회전

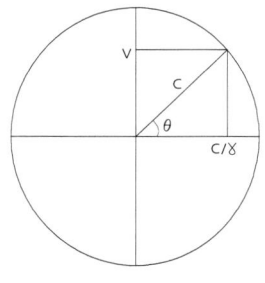
4차원 빛시계

오일러 공식 & 순환 대칭

4차원 시공간이 원이 되면?

'피타고라스 정리'를 활용할 수 있습니다.

$c^2 = a^2 + b^2$ 에서

에너지, 운동량 및 질량등가식 유도

$E^2 = m^2 c^4 = p^2 c^2 + m_0^2 c^4$

$\rightarrow E = \pm \sqrt{p^2 c^2 + m_0^2 c^4}$

위 수식은 특수상대성이론의 모든 것을 기술하고 있습니다. 관성계에서 일어나는 모든 등속운동을 포함합니다. 일반상대성이론의 4차원 시공간에 대한 부분도 어느 정도는 설명할 수 있죠.

4차원 빛시계의 각 변에 운동량 mc를 곱한 다음 위 수식을 유도할 수 있습니다. 4차원 빛시계를 4/4분면으로 나누면 음(-)의 에너지를 생각할 수 있습니다.

고전역학은 어떨까요? 공간 방향을 설정할 때는 마이너스를 사용합니다만, 단순히 반대 방향을 표현하기 위해서였죠.

진정한 음(-)의 공간이었다고는 생각하기 어렵습니다.

양전자

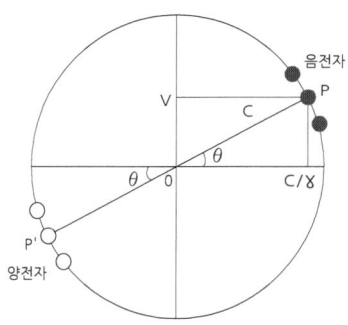

영국의 물리학자 폴 디랙(Dirac Paul, 1902~1984)은 '에너지와 질량 등가 수식'을 보고 음의 공간, 음의 에너지를 처음으로 추론했던 사람입니다. 그는 마이너스 에너지에서 음(-)의 질량을 갖는 전자를 생각했죠. 이후 (+)전하를 띤 양전자까지 예측했습니다.

양전자의 존재는 1932년, 미국의 원자 물리학자 앤더슨[*]에 의해 확인됩니다. 미시세계에서 활동하는 입자는 추론하기가 상당히 까다로운 대상입니다. 뉴턴역학의 직선적 시간관으로는 상상조차 어렵죠.

---

[*] Carl David Anderson 1905~1985, 양전자와 중간자를 입증했죠. 1936년 노벨 물리학상을 받았습니다.

인과율을 따르는 상대성이론

상대성이론은 고전물리에 가까울까요, 현대물리에 가까울까요? 상대성이론은 고전물리 쪽에 근접해 있습니다. 이건 고전역학에서 대하는 시간과 공간, 상대성이론이 취하는 시간과 공간을 비교해보면 알 수 있습니다.

고전역학과 상대성이론은 시공간을 다룰 때 공통점이 있습니다. 거시세계는 절대 시간, 절대 공간을 전제하고 자연법칙을 기술해 나갑니다.

시간과 공간의 관계성을 벗어날 수 없죠. 인과율이 지배하는 명확한 시공간, 서술 가능한 확실성의 세계입니다. 상대성이론이 공표되었을 때 뉴턴역학 신봉자들은 충격에 빠졌습니다. 절대 시간이 무너졌으니까요.

인과율 관점에서 보면? 그다지 놀랄 일은 아닙니다.

왜? 시간이 상대적이라는 것, 시간이 공간이고 공간이 시간이라는 얘기는 시간과 공간의 관계성을 함축하고 있죠. 시간과 공간의 관계성을 완전히 벗어던진 게 아니라는 겁니다. 자연의 인과율을 따르고 있습니다. 상대성이론은 고전물리 범주에 속한다고 봐야죠.

모호성의 역학

고전물리와 궤를 달리하는 양자역학은 20세기 초에 등장했습니다. 뉴턴역학을 벗어났다는 건 시간과 공간의 관계성, 인과율의 직접적인 지배는 벗어났다는 얘기죠.

확실성이 아닌 모호성에 기초한 '물리 역학'이 탄생했습니다. 양자역학에서 기술하는 시간과 공간은 하이젠베르크의 불확정성 원리로 요약할 수 있습니다.

불확정성은 시간의 구분, 공간의 경계가 분명하지 않음을 전제한 거죠. 양자 파동함수를 해석할 때 확률을 적용한 막스 보른은 이런 얘기를 한 적이 있습니다.

> 미시세계의 운동은 시간과 공간의 확률 법칙을 따른다.
> 이 확률은 인과율 법칙을 벗어나지 않는다.
> 이때의 인과법칙은 시간과 공간의 확률이 높으면 미시적 존재(미시계의 운동성) 역시 측정될 가능성이 높다는 것이다.
> 시간과 공간의 확률이 낮으면 당연히 측정 횟수도 떨어질 것이다.

미시세계에서 측정되는 물리적 현상은 시간과 공간의 명확한 인과율에 기초하지 않고 확률에 의존한다는 소리죠. 측정하는 바로 그 순간에 결정되는 시간과 공간의 확률적 빈도수에 따라 미시계의 현상이 포착됩니다.

계산의 정밀도를 따지면 고전역학과 양자역학 중, 어느 쪽이 높을까요? 양자역학이 높습니다. 왜 그럴까요?

양자역학 관점에서 보면 시간과 공간보다 더 본원적인 존재가 있습니다. 우주 자연에서 시간과 공간이 조화진동하는 현상 자체, 즉 양자입니다. 양자가 갖는 물리량은 플랑크 상수(h)와 연관이 있습니다.

플랑크 상수에 기초한 양자역학은 치밀하고 정교한 계산을 할 수 있습니다. 플랑크 상수는 독일의 물리학자 막스 플랑크가 흑체복사 실험 중에 발견한 진동자의 회전 물리량입니다. 회전 물리량은 4차원 시공에서 시간과 공간의 대칭성에 의해 조화진동하는 양자 물리량입니다.

플랑크 상수 = 라그랑지안의 작용 물리량

거시계의 에너지는 이어져 있습니다. 끊어진 구간 없이 매끈하게 잘 연결돼 있죠. 에너지 상태가 연속적입니다(실은 거시세계도 에너지가 완전히 연속적이지는 않습니다. 치밀성이 높지 않은 고전역학적 방법으로 접근하면 끊어짐의 정도가 미미해서 연결된 상태로 보았던 거죠).

미시세계는 에너지가 뚝뚝 끊어져 있죠. 불연속 구간이 보인다는 얘깁니다. 양자역학은 미시계의 불연속 에너지에서 출발한 물리학입니다. 중간중간에 끊어진 에너시, 불언속 에너시를 처음 발견한 사람은 독일의 물리학자, 막스 플랑크였죠.

플랑크 상수 h는 빛 에너지 계산에 쓰이는 물리량입니다.

$$E = nhf \ (n = 1, 2, 3, 4 \ ...)$$

$$h의\ 물리량 : 6.33 \times 10^{-34} joul \cdot sec$$

E=nhf를 풀면 이렇습니다. 진동수 f는 1회 진동, 2회 진동, 3회 진동 ... 같이 자연수로 헤아립니다.

에너지 진동자의 개수 n은 자연수로, 총에너지는 E= nhf(n=1, 2, 3, ...)입니다. 여기서 h는 양자(에너지 진동자)의 기본단위를 정하는 물리량입니다. 플랑크 상수의 단위는 라그랑지안에서 정의한 작용 물리량과 같습니다.

$joul \cdot sec$ 물리단위 (힘 × 시간 × 공간)
$\triangle E \times \triangle t$ (에너지 × 시간)

♣

플랑크는 h가 작용양자 기능을 한다고 생각했죠. 그래서 h를 발견했을 때 '작용양자'라 불렀습니다. 플랑크 상수라는 명칭은 후대 학자들이 붙인 거죠. h는 에너지 진동자가 한 번 진동할 때 발생하는 에너지입니다. 양자수 n=1의 값을 갖죠. 질량이 없는 양자가 방출되면 에너지는 E=hf가 되니 광양자가 됩니다.

h는 각운동량

뉴턴역학으로 따지면 플랑크 상수는 각운동량에 해당합니다. 물론 뉴턴역학의 각운동량과 플랑크 상수 물리량이 완전히 동일하진 않죠. 뉴턴역학의 각운동량은 실숫값에 한정돼 있습니다.

플랑크 상숫값의 근원은 복소수로 짜여있죠. 물리현상으로 보면 4차원 시공간에서 형성되는 4차원 운동량입니다.

4차원 시공간에서 진동하는 진동자?

플랑크 상수는 3차원 공간에서 생기지 않습니다. 4차원 시공간에서 시간과 공간이 진동할 때 파생되는 에너지 진동자에서 나옵니다. 플랑크 상수는 4차원 시공간의 물리량인 셈이죠.

복소평면의 허수

오일러 공식을 미분하면? 미분계수에 해당하는 허수의 제곱이 반복됩니다. 허수(i)는 복소평면에서 90° 회전하죠.
4번 제곱하면?
4번 미분했을 때 마지막 상태는?
단위원을 한 바퀴 돌아 원래 자리로 복귀합니다.

$[(i) \rightarrow (i)^2 \rightarrow (i)^3 \rightarrow (i)^4 = 1]$

제곱이 만드는 상쇄효과

허수를 제곱$(i)^2$ 한 값이 -1이 되면 앞의 항을 상쇄하는 효과가 생기죠. 4단계 미분을 거치는 동안 같은 함수가 됩니다.

$[(i)+ (i)^2+ (i)^3+ (i)^4]+ [(i)^5 + (i)^6 + (i)^7+ (i)^8]+ [(i)^9 \ldots..]$

→ $[(i)+ -1+ (-i)+ (1)]+ [(i) + -1+ -i+ (1)]+ [(i) \ldots...]$

→ $[0] + [0] + [0] + [0] + [0] \ldots....$

미분 효과

실수는 공간, 허수는 시간 변수로 대응하며 수학적 미분이 일어나면 물리적으로는 어떤 영향을 미칠까요? 시간과 공간의 변화가 끝없이 이어진다는 거죠. 4차원 시공간의 성질이나 상태가 바뀌고 달라진다는 애깁니다.

시공의 변화가 무한히 반복되면 균형이 깨지는 상황이 생기지 않을까요? 순간순간 일어나는 변화만 보면 목표나 방향이 배제된 무작위적 변화가 맞습니다. 변화 과정 전체를 포괄하면? 확률적으로 보면 평형을 잃지 않고 일관성을 유지하는 쪽으로 변화의 흐름을 잡아가는 거죠.

$$e^i e^{-i} = e^{i-i} = e^0 = 1$$

$$1 = \lim_{n \to \infty} (1+\frac{i}{n})^{\frac{n}{i}i} \lim_{n \to -\infty} (1+\frac{i}{n})^{\frac{n}{i}i}$$

복소평면에서 일어나는 허수의 작용은 미시세계의 양자 요동을 만듭니다. 이 양자적 요동이 시간과 공간의 완벽한 대칭으로 이어지면서 거시세계의 인간은 느끼기 어려운 신비하고 심오한 세계를 직조합니다.

완전한 순환 대칭 & 복소평면

양자세계의 대칭성은 좌우 균형, 상하 균형에 그치는 단순 균형이 아닙니다. 오일러 공식에 기반한 양자적 대칭은 삼각함수 항등식의 단위원이 만드는 대칭 개념과는 차원이 다릅니다.

오일러 공식에서 반지름이 1인 원은 허수와 실수가 얽혀서 생성되는 단위원입니다. 이 단위원은 2차원 평면에서 분할돼 시간 영역과 공간 영역이 완벽하게 대칭을 이루죠. (+)와 (-)를 오가며 순환합니다.

요컨대 극좌표계의 동적인 좌표축이 양방향으로 회전하는 오일러 공식에 의해 복소평면의 좌표계로 구현됩니다.

양자 함수 해법

 드브로이 물질파 이론에 의하면 입자도 4차원 시공간 파동입니다. 이 파동은 4차원 시공간의 '에너지, 질량 관계식'에서 나왔습니다.

 플랑크 상수 h는 우주의 시초를 담당한 원천 양사로 이해할 수 있습니다. 슈뢰딩거의 양자 파동함수도 플랑크 상수(플랑크 양자)에서 도출되었습니다. 플랑크 양자의 반지름인 $\hbar$(환산 플랑크 상수)는 허수를 내포한 복소수 절댓값입니다.

 우리는 속도를 알면 위치를 모르고 위치를 포착하면 속도를 놓칩니다. 동시에 둘 다를 관측할 수 없는 것도 $\hbar$가 만드는 효과입니다.

 이 말은 미시계의 불연속 에너지는 일정한 값으로 끊어서 분석해야 한다는 겁니다. 이 상황에 적합한 기본 식이 있죠.

해밀토니안(Hamiltonian, 해밀턴 방정식)을 이용한 슈뢰딩거 방정식입니다. 해밀토니안(H)은 보존되는 일정량의 에너지를 운동량 p와 위치 q로 표시합니다.

슈뢰딩거 방정식

슈뢰딩거 양자 파동방정식의 해법은?

양자함수는 4차원 시간과 공간 Ψ(x, t)의 함수입니다. 허수가 깃든 '힘×시간×공간'으로 짜인 물리량입니다.

양자 파동방정식에서 시간 t와 공간 x는 대칭을 이루며 분리돼있죠.

$$i\hbar \frac{\partial \Psi(x,t)}{\partial t} = -\frac{\hbar^2}{2m}\frac{\partial^2 \Psi(x,t)}{\partial x^2} + V(x)\Psi(x,t)$$

시간 의존 파동방정식에는 허수가 있습니다.

왼쪽 항의 허수(i)가 보이죠. 파동함수를 시간 변수 t로 한번 미분해 허수가 나왔습니다. 오른쪽 항은 같은 파동함수를 운동량 p^2 연산자, 위치 x 연산자로 나타냈죠. 허수는 사라지고 실수만 남았습니다.

뉴턴 운동방정식 F=ma를 풀 때 왼쪽은 위치 x의 적분으로 풀고, 오른쪽은 시간 t의 적분으로 푸는 것과 비슷한 방식으로 접근하는 거죠.

해밀토니안을 활용한 슈뢰딩거 방정식

현실을 고려하면 시간에 제한을 가한 시간 독립적인 방정식이 필요할 것 같은데 그런 수식이 있을까요?

네. 바로 해밀토니안을 활용한 슈뢰딩거 양자 파동방정식입니다. 시간 의존 양자 파동방정식의 시간에 한정된 영역 상수(E)를 설정하면 시간 독립 양자 파동방정식이 됩니다.

$$(시간\ t\ in-dependant)$$

$$H(일정) = \frac{p^2}{2m} + V(퍼텐셜에너지)$$

$$\rightarrow H\phi(x) = -\frac{\hbar^2}{2m}\frac{\partial^2 \phi(x)}{\partial x^2} + V\phi(x)$$

시간 독립 & 시간 의존

    시간 독립 파동방정식과 시간 의존 파동방정식의 차이점을 따져봅시다. 시간 독립 파동방정식은 시간 변수가 아예 없습니다.

    시간 변수가 없다는 건? 시간 미분 dΨ(x,t)/dt=0을 의미합니다. 시간 변화에 총에너지가 상수로 되어 변화가 없다는 거죠. 그래서 파동함수의 에너지가 보존, 일정하게 유지됩니다.

    요컨대 시간 변수가 독립적이라는 건?

    시불변 시스템이라는거죠.

(시간 $t\ dependant$)

$i\hbar \dfrac{\partial \Psi(x,t)}{\partial t} = -\dfrac{\hbar^2}{2m}\dfrac{\partial^2 \Psi(x,t)}{\partial x^2} + V\Psi(x,t)$ 에서

$\Psi(x,t) = \phi(x)\psi(t)$ 로 변수 분리

방정식 왼쪽항 : $\dfrac{\partial}{\partial t}\Psi(x,t) = \phi(x)\psi'(t)$

오른쪽 항 : $-\dfrac{\hbar^2}{2m}\dfrac{\partial^2 \Psi(x,t)}{\partial x^2} + V\Psi(x,t)$

$= -\dfrac{\hbar^2}{2m}\dfrac{\partial^2 \phi(x)\psi(t)}{\partial x^2} + V\phi(x)\psi(t)$

원래 방정식에 대입하고

$$i\hbar\,\psi'(t)\phi(x) = -\frac{\hbar^2}{2m}\frac{\partial^2\phi(x)\psi(t)}{\partial x^2} + V\phi(x)\psi(t)$$

양변을 $\Psi(x,t) = \psi(t)\phi(x)$로 나누면

$$i\hbar\,\frac{\psi'(t)}{\psi(t)} = -\frac{\hbar^2}{2m}\frac{1}{\phi(x)}\frac{\partial^2\phi(x)}{\partial x^2} + V(x)$$

왼쪽 항은 시간의 영향만 받고 오른쪽 항은 위치의 영향만 받습니다. 두 항이 시간과 공간으로 완전히 분리되있습니다. 그럼 독립 변수가 분리돼있는 두 식이 언제나 성립하려면?

각각의 상수가 동일하면 되겠죠. 상숫값을 갖는다는 건?

시간 t와 공간 x가 서로 대칭 관계라는 거죠.

두 방정식 성립 가능한 $solution$:

고정된 c(상수)여야 함

$$i\hbar\,\frac{\psi'(t)}{\psi(t)} = c\,(\text{일정 상수})$$

$$\rightarrow -\frac{\hbar^2}{2m}\frac{1}{\phi(x)}\frac{\partial^2\phi(x)}{\partial x^2} + V(x) = c\,(\text{상수})$$

대칭성에서 나온 상수 c 값은 무수하게 많습니다.

이런 상황을 앞에서 다룬 적이 있는데 기억이 나시나요?

네. 뉴턴의 2차 미분 운동방정식입니다. 양쪽 항에 dx를 적분하면 적분상수 c에 의해 일반해인 경우의 수가 많아지죠. 양자역학의 일반해도 같은 방식을 적용합니다.

어떤 특정한 물리현상(물리량)의 값을 구하려면?

초기 조건을 설정해야겠죠. 라그랑주 역학의 변분법도 수많은 경우의 수에서 하나의 최단경로를 찾아내기 위해 최소작용 원리를 적용했습니다.

상태방정식

양자역학은 어떨까요? 확정되지 않은 양자 파동의 상수도 위와 같은 방식으로 처리할 수 있을까요? 양자 현상은 시공간의 파동이죠. 확률적으로 해석해야 합니다.

양자 파동은 관측되는 순간, 입자로 존재할 가능성을 내포하고 있죠. 양자 파동은 포착되기 전에는 확률적으로 발견 가능성을 가진 값들입니다. 그 때문에 양자 파동을 상태방정식이라 부릅니다.

측정되는 순간, 특정 값으로 한정되면서 실수의 물리량을 갖는 고윳값(eigen value)으로 존재하는 겁니다.*

확률값이 만드는 순환 대칭

확률값은 어떤 의미가 있을까요?

양자는 측정되기 전에는 입자도 아니고 파동도 아닌 불확정 상태로 존재합니다. 입자의 속성과 파동의 양상을 동시에 지닌 채 4차원 시공간에서 완벽한 순환 대칭을 이루죠.

1사분면에서 4사분면을 넘나들며 조화 진동합니다.

양자 세계의 무대는 4/4분면으로 꽉 채워진 복소평면입니다.

시간과 공간이 양방향으로 조화진동 하면서 대칭을 이룹니다. 과거와 미래가 동시에 얽혀있는 4차원 시공간을 만드는 거죠. 인간의 감각으로는 경계가 모호한 미시계의 시공간을 구분할 수 없습니다. 혼재된 시간, 뒤섞인 공간을 포착할 수 없으니까요.

---

* 양자의 상태는 고윳값으로 짜인 양자함수의 확률적 조합으로 이해할 수 있습니다.

미시적 양자현상 = 거시적 물리현상

에너지 보존 차원에서 보면 거시계와 미시계의 본질은 다르지 않습니다. 시공의 본질이 같다면 미시세계에 특화된 양자적 현상과 거시세계에서 경험하는 고전 물리적 현상이 완전히 분리된 건 아니란 얘기죠. 이런 예시가 가능하겠네요.

> 미시계(과거, 미래)와 거시계(현재)가 인과적 확률로 얽혀서
> 우주 전체가 동시에 모습을 드러내는 상황

너무 황당한 얘기라고요? 그럴 리가요? 이런 상황을 추론할 수 있는 메커니즘(우주의 3가지 기본 상수)이 있습니다.

거시세계에서 발산하는 상대성이론의 빛 속도 c, 미시세계에서 수렴하는 플랑크 상수 h, 이들을 매개하고 조정하는 뉴턴역학의 중력 상수 G가 작동하는 메커니즘입니다.

우주의 3가지 기본 상수

h, 4차원 시공 에너지 진동자

플랑크 상수 h는 극소(더는 쪼갤 수 없이 작은), 극미(더 할 수 없이 작은)의 물리량입니다.

우주의 최소 작용양자(the smallest unit quantum)죠.

중력상수 G

중력상수는 공간, 질량, 힘의 관계를 결정합니다.

우주 공간을 점유한 질량의 인력*을 계산할 수 있는 근거를 제공합니다.

---

* 인력의 반대 방향에 있는 척력을 알 수는 없겠죠.

빛 속도 c

빛의 속도는 4차원 시공간을 구성하는 불변량입니다.

블랙홀의 질량은 빛까지 빨아들이는 4차원 시공간을 구성합니다. 블랙홀의 중심에서 주변 경계선까지의 거리를 슈바르츠실트 반지름(블랙홀의 반경)이라 합니다. 슈바르츠실트 반지름을 구하려면 힘보다는 에너지를 이용하는 것이 이해하기 쉽습니다.

슈바르츠실트 반지름

블랙홀의 만유인력이 끌어당기는 에너지는 퍼텐셜 에너지입니다. 블랙홀의 중심에서 r인 지점의 에너지죠. 퍼텐셜 에너지는 무한대 지점의 값이 0이므로 음수 값을 갖습니다.

질량 M 인 블랙홀 중심에서
r 거리 떨어진 지점의 퍼텐셜 에너지

$$E_p = -\int_r^\infty \frac{GMm}{r^2} dr = -[-G\frac{Mm}{r}]_r^\infty$$

$$= [G\frac{Mm}{r}]_r^\infty = 0 - G\frac{Mm}{r} = -G\frac{Mm}{r}$$

빛은 진공에서 외부로 발산하는 에너지죠. (+)에너지를 갖습니다. 물체의 운동 에너지도 블랙홀에 대해서는 저항하고 발산하는 (+)에너지입니다.

블랙홀의 중심에서 R(슈바르츠실트 반지름)만큼 떨어진 지점에서 물체가 블랙홀의 인력을 벗어나려면? 물체의 운동 에너지가 블랙홀의 퍼텐셜 에너지보다 커야 합니다.

R 지점은 작용하는 힘이 반대인 블랙홀과 물체의 에너지가 팽팽하게 맞서는 지점(역학적 에너지 합=0)입니다.

한마디로 '사건의 지평선'이죠. 물체는 이 지점부터 블랙홀의 영향에서 벗어날 수 있습니다. 과징을 역학적 에너지로 나타내면 다음과 같습니다.

블랙홀을 탈출할 수 있는 운동에너지

$$E_k = \lim_{v \to c} \frac{1}{2} mv^2 = \frac{1}{2} mc^2$$

역학적 에너지의 합 : $E_k + E_p = 0$

$$\frac{1}{2}mc^2 + (-G\frac{Mm}{R}) \to \frac{1}{2}c^2 = G\frac{M}{R}$$

슈바르츠실트 반지름 : $R = \dfrac{2GM}{c^2}$

슈바르츠실트 생애

이쯤에서 슈바르츠실트 얘기를 잠시 하고 가는 게 좋겠습니다. 슈바르츠실트(Schwarzschild Karl, 1873~1916)는 독일 태생의 저명한 천문학자·물리학자였죠. 그는 1차 대전이 발발했을 때 자원했고 벨기에를 거쳐 러시아 전선에 배치되었습니다.

당시 그는 포츠담대학교 천문대 대장이었습니다. 나이는 마흔이 넘었고 세 아이의 아버지였죠. 현실적으로 판단했을 때 현역으로 복무할 의무는 없었습니다.

그를 아는 사람들은 말렸습니다.

'전장에서 적에 맞서는 것도 의미가 있지만 후방에서 천문대 일을 계속 하는 것도 애국하는 길'이라고 설득했지만 그의 참전 의지를 꺾기는 어려웠죠. 유대인이었던 슈바르츠실트는 독일 국민임을 자랑스러워했고 애국심을 증명하고 싶었습니다. 많은 유대인들이 그랬던 것처럼.

그는 1915년 11월, <물리학 연보>를 통해 최신 이론인 아인슈타인의 '일반상대성이론'을 접했습니다. 일반상대성이론은 논문을 발표한 아인슈타인도 정확한 해를 제시하지 못했던 이론입니다. 방정식과 함께 내놓은 건? 근사해 정도였죠.

슈바르츠실트는 논문을 읽은 그날부터 일반상대성 방정식 해를 풀어나갔습니다. 이론을 정립한 사람도 손을 놓아버린 해를 한 달 남짓한 기간에 찾았습니다.

물체 질량이 구(球)에 집중된다고 가정하고 일반상대성 방정식을 적용, 질량이 공간을 무너뜨리는 과정을 풀어낸 거죠.

방정식의 해는 구했지만 마음에 걸리는 구석이 있었습니다. 일정 범위를 넘어서는 과도한 질량이 작은 공간(면적)에 모여들면 아인슈타인의 이론이 빗나간다는 거였죠.

시공간이 구부러지는 정도가 아니라 허물어집니다. 이를테면 '슈바르츠실드의 특이짐'이 생기는 겁니다. 식은 풀있지만 기가 막혔겠죠. 어떤 지점에 이르면 특이점과 일반상대성이론은 양립할 수 없으니까요.

식을 검토하고 계산을 다시 하며 오류를 찾았지만 결과는 같았습니다. 슈바르츠실트는 이론을 정립한 아인슈타인에게 자신이 구한 해를 보냈습니다.

한데 아인슈타인의 답신을 듣기도 전에 슈바르츠실트는 전장에서 사망했습니다. 죽음의 직접적 원인은 천포창(pemphigus)이었습니다.

천포창(天疱瘡)은 인체가 자기 세포를 알아보지 못하고 몸 전체를 끝없이 공격하기 때문에 물집(疱)이 잡히면서 부스럼(瘡)을 남기는 질병입니다. 피부 점막에 커다란 수포가 생기는 병으로 자가 면역 질환의 일종이죠.

1차 대전은 독일군, 연합군 모두 강도 높은 가스전을 벌였습니다. 슈바르츠실트도 전투에서 가스 공격에 노출된 적이 있었습니다. 유독가스가 남긴 지독한 흔적이 천포창으로 이어졌던 거죠.

입 주위에서 수포가 2개 생기면서 시작된 질병은 전신으로 퍼져나갔고 2개월 뒤에 그는 죽었습니다. 일반상대성 방정식 해는 슈바르츠실트가 천포창으로 사경을 헤매던 중에 찾아낸 결과물입니다.

소개할 자료는 슈바르츠실트의 마지막 순간을 묘사한 작품입니다. 임종의 침상에서 특이점을 생각하는 슈바르츠실트를 만날 수 있습니다.*

---

* 벵하민 라바투트, <우리가 세상을 이해하길 멈출 때>, 노승영 옮김, 문학동네 2022. '슈바르츠실트 특이점'에서 발췌

67쪽

천포창, 급성괴사궤양치은염. 그는 식도에 물집이 잡혀 단단한 음식을 삼킬 수 없었다. 입안과 목구멍의 물집은 물을 마실 때마다 뜨거운 석탄처럼 화끈거렸다. 슈바르츠실트는 의사들에게서 휴가를 허락받았지만, 정신의 광적 속도를 주체하지 못하고 일반상대성 방정식 연구를 계속했다. 질병이 몸을 집어삼키는 속도가 빨라질수록 정신의 속도도 빨라졌다.

그는 평생 112건의 논문을 발표했는데, 사실상 20세기의 어느 과학자보다 많았다. 그가 종잇장에 쓴 마지막 논문들은 바닥에 놓여 있었다. 엎드려 누워 침대 밖으로 늘어뜨린 팔은 물집이 터지면서 생긴 딱지와 고름집으로 덮여 있었다.

68쪽

그는 고통을 잊으려고 상처의 모양과 분포, 물집에 들어찬 체액의 표면 장력, 터질 때까지의 평균 시간을 기록했지만, 자신의 방정식이 열어젖힌 공허로부터 마음을 떼어놓을 수 없었다.

그는 탈출구나 자기 논리의 오류를 찾고자, 특이점을 설명하기 위한 계산으로 공책 세 권을 채웠다. 마지막 공책에서 슈바르츠실트는 어느 물체이든 그 물질을 충분히 제한된 공간 속에 압축하면 특이점이 생길 수 있음을 추론해냈다.

태양은 3킬로미터, 지구는 8밀리미터, 평균적 인체의 질량은 0.00000000000000000000001센티미터로 압축하면 된다. 그의 공식에서 예측되는 공허 속에서 우주의 기본 매개변수들은 성질이 뒤바뀌었다. 공간은 시간처럼 흘렀고 시간은 공간처럼 늘어났다. 이 왜곡은 인과 법칙을 바꿨다.

(…)

기현상은 특이점의 내부에 국한되지 않았다. 특이점 주변에는 한계가 존재했는데, 이 장벽은 돌아올 수 없는 지점을 의미했다. 이 선을 넘으면 행성 전체로부터 작디작은 아원자 입자에 이르기까지 모든 물체가 영영 사로잡힐 것이다. 마치 바닥없는 구덩이에 떨어진 것처럼 우주에서 사라질 것이다.

수십 년 뒤 이 한계는 슈바르츠실트 반지름으로 명명되었다.

붕괴하는 4차원 시공간

블랙홀 내부(슈바르츠실트 반지름)에서 질량이 더 압축되어 퍼텐셜 에너지가 커지면 빛은 어떤 상태가 될까요?

빛은 기본적으로 4차원 시공간을 형성합니다. 한데 퍼텐셜 에너지가 커지면 광속을 넘어버리겠죠. 4차원 시공간이 무너지기 시작합니다.

4차원 시공간이 허물어지면?

블랙홀 내부에서 공간 자체가 사라지는 특이점(Singularity)이 생깁니다. 즉 슈마르츠실드 빈경 R의 1/2 아래쪽에서는 빛의 환산 질량 속도가 빛 속도보다 커져 4차원 시공간이 붕괴합니다.

그 지점이 바로 플랑크 시간, 플랑크 길이(플랑크 공간)입니다. 인공위성 속도를 떠올리면 이해하는 데 도움이 되겠네요.

지구에서 인공위성을 쏘아 올리면 계속 돌지 못하고 추락하는 속도(제1 속도), 중력권 밖으로 탈출 가능한 속도(제2 속도)가 있듯 2가지 속도가 생기는 겁니다.

블랙홀 내부에서 빛이 특이점을 향해 붕괴하는 지점 : $\frac{1}{2}R$ 이 되는 곳

$$r = \frac{1}{2}R = \frac{1}{2}\frac{2GM}{c^2} = \frac{GM}{c^2} \quad \cdots 1식$$

물질파이론에 의한 광자의 파장

$$\lambda = \frac{h}{p} = \frac{h}{Mc}$$

$$\lambda = 2\pi r \quad r = \frac{\hbar}{Mc} \quad \cdots 2식$$

1식, 2식의 r을 같이놓고 제거

$$\frac{GM}{c^2} = \frac{\hbar}{Mc} \quad \cdots 3식$$

3식에서 플랑크 질량 M이 계산됨

$$M^2 = \frac{\hbar c}{G} \rightarrow M = \sqrt{\frac{\hbar c}{G}}\,)$$

$$2식 : r = \frac{\hbar}{Mc} = \frac{1}{\sqrt{\frac{\hbar c}{G}}}\frac{\hbar}{c} = \sqrt{\frac{G}{\hbar c}}\sqrt{\frac{\hbar^2}{c^2}}$$

$$= \sqrt{\frac{G\hbar}{c^3}} \simeq 1.61624 \times 10^{-35} \cdots \text{플랑크 길이}$$

플랑크 길이 & 플랑크 시간

플랑크 길이를 계산하면? 파장이 10^{-35}m 정도죠.

플랑크 길이가 상징하는 건? 광자가 허물어지는 최소 길이, 최소 시공간 간격입니다.

플랑크 시간은? 플랑크 길이를 빛 속도로 나눈 거죠.

플랑크 시간(주기):

$$t_p = \frac{l_p}{c} \; (\frac{\text{플랑크 길이}}{\text{빛의 속도}})$$

$$\frac{\sqrt{\frac{G\hbar}{c^3}}}{c} = \sqrt{\frac{G\hbar}{c^5}} \simeq 5.391 \times 10^{-44} \sec$$

플랑크 길이, 플랑크 시간에서 유추할 수 있는 건? 원래 있던 우주의 시공간은 허물어지고 정반대의 시공간이 생성되는 상황이죠.

오일러 허수 함수로 판단하면 (-)영역으로 바뀌는 지점을 알 수 있습니다. 4차원 시공간이 소멸하고 생기는 궁극의 지점에서 우주는 조화진동 합니다.

허수와 실수의 순환 대칭

조화진동이 일어나면 허수축과 실수축이 뒤집어지겠죠. 시간과 공간의 속성도 바뀔 겁니다. 시간이 공간으로, 공간이 시간으로 전환되면서 우주가 태어납니다.

이렇게 생긴 우주는 완전히 새로운 우주일까요?

원래 있던 우주와 그 어떤 관계도 없는? 그럼 이전의 우주는 사라진 걸까요?

양자 세계는 과거-현재-미래가 구분 없이 얽혀있습니다.

존재의 이면에서는 인간이 지각하는 시공간은 의미가 없죠.

분명한 게 있다면 허수와 실수의 대칭성입니다. 허수와 실수의 순환 대칭이 온갖 사물과 현상을 담는 이 우주의 변화를 주도합니다. 끝없이 우주를 생성하면서.

참고 자료

로랑 셰페르, <퀀텀= Quantum>, 이정은 옮김, 한빛비즈 2020.

곽영직, <양자역학은 처음이지?= Quantum mechanics>, 북멘토 2020.

존 그리빈, <슈뢰딩거의 고양이를 찾아서>, 박병철 옮김, 휴머니스트 2020.

레너드 서스킨드, 조지 라보프스키, <물리의 정석 , 고전 역학편>,

이종필 옮김, 사이언스북스 2017.

레너드 서스킨드, 아트 프리드먼, <물리의 정석 , 양자 역학편>,

이종필 옮김, 사이언스북스 2018.

베르너 하이젠베르크, <부분과 전체>, 유영미 옮김, 서커스2020.

이종필, <이종필의 아주 특별한 상대성이론 강의>, 동아시아 2015.

쿠르트 피셔, <아인슈타인의 상대성이론>, 박재현 옮김, 지브레인 2013.

로렌스 크라우스 지음, <거울 속의 물리학>, 곽영직 옮김, 승산 2020.

리처드 뮬러, <나우 : 시간의 물리학>, 장종훈; 강형구 옮김, 바다출판사 2019.

킵 S. 손, <블랙홀과 시간여행>, 박일호 옮김, 반니 2019.

고중숙, <문과생도 이해하는 $E=mc^2$>, 꿈꿀자유 2017.

뉴턴프레스 편집, <차원의 모든 것>, 강금희; 이세영 옮김, 아이뉴턴 2019.

페드루 G. 페레이라, <일반상대성이론 100년사>, 전대호 옮김, 까치 2014.

뉴턴프레스, <시간이란 무엇인가?>, 아이뉴턴 2019.

마쓰우라 소, <시간의 본질을 찾아가는 물리여행 : 시간이란 무엇일까>, 송은애 옮김, 프리렉 2018.

Transnational college of Lex, <(수학으로 배우는)양자역학의 법칙>, 강현정 옮김, Gbrain 2020.

브라이언 크레그, <한 권으로 이해하는 양자물리의 세계>, 박지웅 옮김, 북스힐, 2019.

David J Griffiths, Darrell F. Schroeter, <양자역학>, 최준곤 옮김, 텍스트 2019.

최강신, <우연에 가려진 세상>, MID 2018.

이강영, <스핀>, 계단 2018.

마이클 워커, <양자역학이란 무엇인가>, 조진혁 옮김, 처음북스 2018.

데이비드 J. 그리피스, <양자역학>, 권영준 옮김, 텍스트북스 2018.

티보 다무르(글), 마티유 뷔르니아(그림), <양자 세계의 신비>, 고민정 옮김, 거북이북스 2018.

가다야마 야수히사, <양자역학의 세계: 처음으로 배우는 사람을 위하여>, 김명수 옮김, 전파과학사 2017.

김상욱, <김상욱의 양자 공부>, 사이언스북스 2017.

곽영직, <양사역학으로 이해하는 원자의 세계>, 지브레인 2016.

카를로 로벨리, <모든 순간의 물리학>, 김현주 옮김, 쌤앤파커스 2016.

이옥수(글), 정윤채(그림) <하이젠베르크의 양자역학>, 작은길 2015.

이종필, <신의 입자를 찾아서: 양자역학과 상대성이론을 넘어>, 2015.

짐 오타비아니(글), 릴런드 퍼비스(그림), <닐스 보어 : 20세기 양자역학의 역사를 연 천재>, 김소정 옮김, 푸른지식 2015.

짐 배것, <퀀텀스토리: 양자역학 100년 역사의 결정적 순간들>, 박병철 옮김, 반니 2014.

만지트 쿠마르, <양자혁명 : 양자물리학 100년사>, 이덕환 옮김, 까치글방 2014.

스티븐 L. 맨리(글) 스티븐 포니어(그림), <상대성 이론과 양자역학>,

김동광 옮김, 까치글방 2013.

Ken Kauishi, <아하! 물리수학>, 김제완 옮김, 성안당 2013.

와다치 미키, <물리를 위한 대학수학> 홍철훈 옮김, 한울, 2011.

(물리가 쉬워지는)미적분: 처음 만나는 물리수학책

나가노 히로유키, <물리가 쉬워지는 미적분> 위정훈 옮김, 비전코리아 2018.

(만화로 쉽게 배우는)물리수학

밤바 아야(글), 기와무라 반리(그림), <만화로 쉽게 배우는 물리수학>

김선숙 감역, 성안당 2021.

Ishikawa Kenji(글), Hiiragi Yutaka(그림), <만화로 쉽게 배우는 양자역학>,

이희천 옮김, BM성안당 2012.

에른스트 페터 피셔, <막스 플랑크 평전>, 이미선 옮김, 김영사 2010.

곽영직, <양자 역학의 세계>, 동녘 2008.

채드 오젤, <익숙한 일상의 낯선 양자 물리>, 하인해 옮김, 프리렉 2019.

최무영, <최무영 교수의 물리학 이야기: 찾아가는 강의실>, 북멘토 2019.

송현수, <이렇게 흘러가는 세상>, MID 2020.

아이뉴턴 편집부, <물리의 기본 : 힘과 운동편>, 아이뉴턴 2019.

뉴턴프레스, <중고등학교 물리>, 강금희, 이세영 옮김, 아이뉴턴 2019.

돈 레몬스, <드로잉 피직스>, 강남화 옮김, LemonCulture 2019.

마쓰바라 다카히코, <물리학으로 풀어보는 세계의 구조> 한진아 옮김, 저음묵스 2019.

Hideo Nitta(글), Keita Takatsu(그림),<만화로 쉽게 배우는물리[역학]>, 이창미 옮김, BM성안당 2019.

이반 사보브, <수학 & 물리 가이드> 권기영 옮김, 한빛아카데미 2019.

이정우, <세계철학사. 1, 지중해세계의 철학>, 길 2018.

이종환, <플라톤 국가 강의 = Platon politeia 강의>, 김영사 2019.

플라톤, <티마이오스>, 김유석 옮김, 아카넷 2019

함께 보면 좋은 '봄꽃여름숲'의 교양 과학도서

- 출간 도서

    피타고라스로 푸는 상대성이론
    기하로 이해하는 시간과 공간

    파동의 법칙
    푸리에에서 양자까지

    플랑크 상수로 이해하는 양자역학
    허수로 다가가는 양자의 세계

- 출간 예정 도서

    양자물리의 핵심
    시간 양자 & 공간 양자

물리수학의 핵심
힘, 에너지, 작용의 해법을 찾아서

ⓒ 임성민·정문교 2023

발행일 2023년 2월 3일 | **지은이** 임성민·정문교
펴낸 곳 봄꽃 여름숲 가을열매 겨울뿌리 | **등록** 2015년 6월 16일 제 2015-00189호
대표전화 031-348-6316 | **팩스** 0505-312-3116
이메일 seasonsinthelife@naver.com | **블로그** blog.naver.com/seasonsinthelife
ISBN 979-11-87679-31-8(03410)

이 책의 저작권은 저자에게 있으며 저작권법에 따라 보호를 받는 저작물이므로 무단전재와 복제를 금합니다. 정가는 뒤표지에 있습니다. 잘못된 책은 구입하신 곳에서 교환해 드립니다.